高等院校艺术设计类专业
"十三五"案例式规划教材

室内软装设计

■ 主 编 胡小勇 彭金奇

华中科技大学出版社
http://press.hust.edu.cn
中国·武汉

内容提要

　　本书详细讲解了室内软装设计概述、软装设计实践、室内软装色彩设计、家具设计、工艺品设计、布艺软装设计、八大室内软装风格和室内软装设计案例欣赏,让读者对室内软装设计有一个全新的认识。软装设计与室内设计、建筑设计等学科有密切的关系。本书以循序渐进的方式进行讲述,遵循先学习室内软装设计基本知识、软装设计元素,后掌握软装设计风格的原则。本书不仅讲解理论知识,而且从多个角度对室内软装设计的实际案例进行了分析,既有理论指导性,又有设计的针对性,重在求新、求精、求全,具有很强的实用性。本书可作为室内设计专业基础课程的教学用书,也可供各类设计从业人员、艺术爱好者等参考及学习。

图书在版编目 (CIP) 数据

室内软装设计 / 胡小勇,彭金奇主编.—武汉 : 华中科技大学出版社,2018.8 (2025.1重印)
高等院校艺术设计类专业"十三五"案例式规划教材
ISBN 978-7-5680-2768-7

Ⅰ.①室…　Ⅱ.①胡…　②彭…　Ⅲ.①室内装饰设计－高等学校－教材　Ⅳ.① TU238
中国版本图书馆CIP数据核字(2017)第086685号

室内软装设计
Shinei Ruanzhuang Sheji

胡小勇　彭金奇　主编

策划编辑：　金　紫
责任编辑：　徐　灵
封面设计：　原色设计
责任校对：　李　弋
责任监印：　朱　玢
出版发行：　华中科技大学出版社 (中国·武汉)　　　电话：(027)81321913
　　　　　　武汉市东湖新技术开发区华工科技园　　　邮编：　430223
录　　排：　华中科技大学惠友文印中心
印　　刷：　北京虎彩文化传播有限公司
开　　本：　880mm×1194mm　1/16
印　　张：　10
字　　数：　224 千字
版　　次：　2025 年 1 月第 1 版第 5 次印刷
定　　价：　58.00 元

本书若有印装质量问题,请向出版社营销中心调换
全国免费服务热线: 400-6679-118　竭诚为您服务
版权所有　侵权必究

前言
Preface

随着人们生活水平的提高，现代人更加注重精神层面的需求。室内软装设计就是人们对追求美的反映，室内软装设计已成为是人们生活的一部分。现代室内软装设计的市场非常广阔，已经逐渐发展成为室内设计中不可或缺的一部分。在不久的将来，室内软装设计有可能超越室内硬装设计，成为室内空间设计中重要的一个环节。

室内软装设计是环境艺术的再创造。一名合格的室内软装设计师，不仅要了解多种多样的软装风格，还要具备一定的色彩美学修养，对品类繁多的软装饰品元素，更是要了解熟悉其搭配法则。但如果仅了解空泛枯燥的理论，而没有经过专业的软装设计实践，室内软装设计也只能停留在创作的表面。室内软装设计本来就是一项非常复杂的工作，其包含的内容较多，并且随着时代的发展而不断更迭。

所谓软装，指的是对家居中可以移动、更换的装饰物品进行设计处理。软装的材料通常包括窗帘、靠垫、地毯、装饰画、灯具、工艺品以及绿植等饰品。硬装指的是对整个室内分区的确定以及结合功能性和整体风格考虑的进一步处理，也就是常见的对水电、墙体拆建、地面铺装、天花吊顶等部位的处理。硬装的材料通常包括板材、地板、瓷砖、墙面乳胶漆、电线、水管、门窗、洁具、橱柜等不可随意移动的物体。软装与硬装的本质区别在于装修的先后顺序，软装通常是在硬装结束后进行的。但事实上，想要完全地区分开软装与硬装是很不现实的一件事情，随着各类科技的发展，装修建材出现了越来越多"硬"材料与"软"材料相结合的新产品，在进行室内设计时，甚至会将硬装材料与软装材料相互交换使用。

室内软装设计注重环境空间的美学提升，注重空间的风格化，体现空间独特的个性化。在如今的环境空间设计中，软装越来越受到重视，甚至在某些单套环境空间的装饰中，软装（装饰）的造价比例已经超过硬装（装修）的造价比例了。"轻装修重装饰"已是室内设计的主流趋势。这种理念其实在国外很早就已经普及，并被证实是科学的、合理的室内设计理念。"轻装修"并非不重视装修、偷工减料、以次充好，而是避免过度装修、堆砌产品；"重装饰"则意味着追求细节的完美，营造人性化、个性化的生活空间。

本书结合市场需求和行业发展状况，旨在用简洁的文字、形象的图片、清晰的表格，让读者以一种轻松的状态去掌握室内软装设计知识。

本书在编写中得到以下同事、同学的支持：祖赫、赵媛、张航、张刚、张春鹏、杨超、徐莉、肖萍、吴方胜、吴程程、田蜜、孙莎莎、孙双燕、孙未靖、施艳萍、邱丽莎、秦哲、马一峰、汤留泉、罗浩、刘艳芳、卢丹，感谢他们为此书提供素材、图片等资料。

编　者

2018 年 4 月

目录
Contents

第一章
室内软装设计概述

学习难度：★★★☆☆

重点概念：软装设计、陈设设计、发展情况、类别

章节导读 | 　　室内软装设计涉及的软装饰品包括家具、灯饰、窗帘、地毯、挂画、花艺、饰品、绿植等（图1-1）。根据客户的喜好和特定的软装风格对这些软装饰品进行设计与整合，使得整个室内空间和谐、温馨、漂亮。

图 1-1　简约风格软装设计的局部表现

第一节
室内软装设计概念

室内软装设计是相对于建筑本身的结构空间提出来的概念，是建筑视觉空间的延伸和发展。软装设计对现代环境空间起到了烘托环境气氛、创造环境意境、丰富空间层次、强化环境风格、调节环境色彩等作用，毋庸置疑地成为室内设计过程中画龙点睛的部分。

一、软装设计的概念

在环境空间设计中，室内建筑设计可以称为"硬装设计"，而陈设艺术设计可以称为"软装设计"。"硬装"是建筑本身延续到室内的一种空间结构的规划设计，可以简单理解为一切室内不能移动的装饰工程（图1-2）。而"软装"可以理解为一切室内陈列的可以移动的装饰物品，包括家具（图1-3）、灯具、布艺、花艺（图1-4）、陶艺、摆饰、挂件、装饰画（图1-5）等。"软装"一词是近几年来室内设计业内约定成俗的一种说法，其实更精确的描述应该称为"陈设"。陈设是指在某个特定空间内将家具、配饰等装饰元素通过各种设计手法将所要表达的空间意境呈现出来。

二、陈设设计的概念

陈设设计也可称为摆设、装饰，俗称软装设计。"陈设"可理解为摆设装饰的物品，也可理解为对物品的摆设和装饰。

陈设品是指用来美化或强化环境视觉

图1-2 硬装中的墙体和地板

图1-3 软装中的家具

图1-4 软装中的花艺

图1-5 软装中的装饰画

2

效果的、具有观赏价值或文化意义的物品。换一种角度说，只有当一件物品既具有观赏价值、文化意义，又具备被摆设的观赏条件时，该物品才能被称作为陈设品。就陈设品的概念而言，它包括室外陈设品（图1-6）和室内陈设品（图1-7）两部分内容。但近年来室外陈设品通常被称为"景观小品"，故一般提到的陈设品都指室内陈设品。

陈设品的内容丰富。从广义上讲，环境空间中，除了围护空间的建筑界面以及建筑构件外，一切实用或非实用的、可供观赏和陈列的物品，都可以作为陈设品。根据陈设品的性质分类，陈设品可分为以下四类。

1. 纯观赏性的物品

纯观赏性的物品主要包括艺术品、部分高档工艺品等。这类陈设品不具备使用功能，仅作为观赏用。它们或具有审美和装饰的作用，或具有文化和历史的意义（图1-8）。

2. 实用性与观赏性一体的物品

实用性与观赏性一体的物品主要包括家具、家电、器皿、织物等。这类陈设品既有特定的实用价值，又有良好的装饰效果（图1-9～图1-11）。

3. 因时空的改变而具备不同意义的物品

这类陈设品一般指那些原先仅有使用功能的物品，但随着时间的推移或地域

图1-6　室外陈设花卉盆景

图1-7　室内陈设陶瓷摆件

图1-8　工艺品摆件

图1-9　沙发抱枕

图 1-10 家具

图 1-11 家电

4

的变迁，它们的使用功能已丧失，同时审美和文化的价值得到了提升，因此成为珍贵的陈设品。如远古时代的器皿、服饰甚至建筑构件等，又如异国他乡的普通物品都可以成为极有纪念意义的陈设品（图1-12）。

图 1-12 老式收音机

4. 经过艺术处理后成为陈设品的物品

这类物品可分两类：一类是原先仅有使用功能的物品，将它们按照形式美的法则进行组织构图，成为优美的装饰物品；另一类是没有使用价值的物品，经过艺术加工、组织、布置后成为很好的陈设品（图1-13）。

三、软装设计的用途

软装设计应用于环境空间中，不仅可以给使用者视觉上的美好享受，也可以让使用者感觉到温馨、舒适或设计者想要表达的意境，赋予室内设计独特的魅力。

1. 表现环境风格

环境空间的整体风格除了靠前期的硬装设计来塑造之外，后期的软装布置也非常重要，因为软装配饰素材本身的造型、色彩、图案、质感均具有一定的风格特征，

图 1-13 啤酒瓶盖立体壁画

图 1-14　米黄色调软装表现温馨浪漫的风格

图 1-15　白蓝相间的色调软装表现简约舒适的风格

5

对环境风格可以起到更好的表现作用（图 1-14、图 1-15）。

2. 营造环境氛围

软装设计对于渲染空间环境的氛围，具有巨大的作用（图 1-16）。不同的软装设计可以造就不同的室内环境氛围，例如，欢快热烈的喜庆气氛的新房，深沉凝重的庄严气氛的会议室等，给人留下不同的印象（图 1-17）。

3. 调节环境色彩

在现代室内设计中，软装饰品占据的面积比较大（图 1-18）。在很多空间里，家具色彩所占的面积超过了 40%。其他如窗帘、床罩、装饰画等饰品的颜色，对

图 1-16　咖啡厅的休闲氛围

图 1-17　餐厅的舒适氛围

图 1-18　大面积的装饰画　　　　　　　　　图 1-19　大面积的木质家具

整个空间的色调形成也起到了很大的作用（图 1-19）。

4. 随心变换装饰风格

软装设计的另一个作用就是能够让室内空间随时跟上潮流，可以随心所欲地改

变装饰物品，拥有一个全新的装饰风格。例如，根据心情和四季的变化调整布艺，夏天换上轻盈飘逸的冷色调窗帘、清爽的床品、浅色的沙发套等，就能立刻显得凉爽起来（图 1-20 ～图 1-22）。

图 1-20　适合春季的颜色鲜艳的窗帘　　　图 1-21　适合夏季的轻盈的窗帘　　　图 1-22　适合冬季的较厚重的窗帘

小贴士

软装陈设与空间设计的关系

软装陈设与空间设计是一种相辅相成的关系，不可强制分开。只要是存在设计的环境，就会有软装陈设，只是多与少的区别。只要是属于软装陈设设计的门类，必然是处在设计的空间之中，只是与空间是否协调的问题。但有时在某种特殊情况下，或因时代形势发展的需求，软装陈设参与设计的要素较多，形成了以软装陈设为主的设计环境。

第二节
室内软装饰品的分类

一、按材料分类

软装饰品种类繁多，使用的材料种类也繁多。花艺、绿植、布艺、铁艺（图1-23）、陶瓷（图1-24）、木艺（图1-25）、玻璃（图1-26）、石制品、玉制品、骨制品（图1-27）、贝壳制品（图1-28）等属于传统材料，而玻璃钢、合金制品、印刷品、塑料制品等属于新型材料。

二、按功能性分类

软装饰品按功能分类可分为装饰性陈设品和功能性陈设品。

装饰性陈设品主要是指具有观赏性的软装陈设，如雕塑、绘画、工艺品等装饰品有一部分属于奢侈品范畴，能大大提高室内空间的艺术品位（图1-29、图1-30）。

图1-23 铁艺壁挂

图1-25 陶瓷花瓶

图1-24 木质吊灯

图1-26 玻璃马赛克花瓶

图 1-27　骨制品雕刻

图 1-28　贝壳制品

图 1-29　装饰性陈设品

图 1-30　珊瑚树摆件

功能性陈设品是指具有一定实用价值并具有观赏性的软装陈设，大到家电、家具（图 1-31），小到餐具（图 1-32）、衣架（图 1-33）、灯具（图 1-34）、织物（图 1-35）、器皿（图 1-36）等。此类软装陈设放在室内空间中，不仅实用，而且具有装饰效果。

三、按收藏价值分类

具有一定工艺技巧和升值空间的工艺品、艺术品，属于增值收藏品。增值陈设品包括字画、古玩（图 1-37）等。其他无法升值的陈设品则属于非增值装饰品，例如普通花瓶、相框（图 1-38）、时尚摆件等。

图 1-31　家具

图 1-32 餐具　　　　　　　图 1-33 树形挂衣架　　　　　　图 1-34 台灯

图 1-35 布艺创意抱枕

图 1-36 储藏器

四、按摆放位置分类

摆件的造型有瓶、炉、壶、如意、花瓶（图 1-39）、花卉、人物、瑞兽、山水、玉盒、鼎、笔筒（图 1-40）、茶具、佛像等。

图 1-37 瓷器

图 1-38 相框

挂件主要包括挂画（图 1-41）、插画、
照片墙（图 1-42）、相框、漆画、壁画、
装饰画、油画（图 1-43）等。

图 1-39　竹叶铜花瓶

图 1-40　笔筒

图 1-41　挂画

图 1-42　照片墙

室内软装设计应考虑人的
心理承受惯性，满足人们
的心理需求。在日常生活
中，人们对一些空间形式
及内部装饰形成了一些约
定俗成的惯性，这是长时
间积累并符合人的心理经
验的。如医院的软装设计
大多色彩淡雅质感柔软，
以安抚人们焦虑不安的心
理；而商场的软装设计大
多比较活泼、休闲，为人们
提供轻松、愉悦的购物环
境。

图 1-43　油画

第三节
室内软装设计市场的发展情况

一、背景

软装艺术发源于现代欧洲，又称为装饰派艺术，也称"现代艺术"。它兴起于20世纪20年代，随着历史的发展和社会的不断进步，在新技术蓬勃发展的背景下，人们的审美意识普遍觉醒，装饰意识也日益强化。经过近10年的发展，于20世纪30年代形成了软装艺术。软装艺术的装饰图案一般呈几何形，或是由具象形式演化而成，所用材料丰富，除天然材料（如玉、银、象牙和水晶石）外，也采用一些人造物质（如塑料、玻璃以及钢筋混凝土）。其装饰的典型主题有动物（尤其是鹿、羊）、太阳等，借鉴了美洲印第安人、埃及人和早期的古典主义艺术，体现出自然的启迪。出于各种原因，软装艺术在第二次世界大战时不再流行，但从20世纪60年代后期开始再次引起人们的重视，并得以复兴。现阶段软装艺术已经达到了比较成熟的程度（图1-44、图1-45）。

软装艺术历来是人们生活的一部分，它是生活的艺术。在古代，人们用植物和画幅等来装饰房屋（图1-46、图1-47），用不同的装饰品表现不同场合的氛围，现代人更加注重用不同风格的家具、饰品和布艺来表现自己独特的品位和

图1-44　现代软装中的家具

图1-45　现代软装中的多种饰品材料

图1-46　中国清代室内装饰

图1-47　中国清代室内盆景装饰

图1-48　现代多样的家具和饰品

图1-49　复古家具

12

生活情调（图1-48、图1-49）。随着经济全球化的发展，物质的极大丰富带给人们琳琅满目的商品和选择，软装设计能够让搭配更协调、更高雅，能彰显居住者的品位。它成为一门艺术，于是诞生了软装设计行业。

随着时代的不断发展，软装艺术走入了人们的生活。软装设计可以根据空间的大小、形状，使用者的生活习惯、兴趣爱好和经济情况等，从整体上综合策划装饰设计方案。相对于硬装装饰一次性、无法回溯的特性，软装装饰具有随时更换、更新不同元素的特点。

二、当今状况

国内自从1997年家装行业正式诞生至今，随着业主需求的不断提高，装饰装修行业对设计师们提出了新的要求，市场上室内设计师的角色也发生了较大的变化。虽然近两年软装设计师在北京、上海、广州、杭州逐渐兴起，但是从业人员的数量远远满足不了市场需求。

在国内，当前市场上出现了许多独立于室内设计机构之外的软装设计公司，一般都是等项目设计完成后甚至是施工完成后再介入，根据硬装设计师的意向、概念

做后期的配饰。因此室内设计是一项整体的工作，若是将它拆分成两个部分，软装设计师对硬装设计师的理念理解会存在很大的不确定性，这就会给完整的项目设计结果带来风险，因为双方在设计与沟通方面存在一定脱节与断裂行为。随着国内设计领域整体发展进度的快速推进以及与国外室内设计公司的频繁交流，室内软装设计与环境空间设计的距离必然会被逐步拉近，最终会结合成为一体，这是一个大的发展趋势（图1-50～图1-53）。

三、未来趋势

在个性化与人性化设计理念日益深入人心的今天，人的自身价值的回归成为关注的焦点。要创造出理想的室内环境，就

图1-50　花艺店

图 1-51　家具店

图 1-52　独特家居装饰风格

图 1-53　宜家家居风格

图 1-54　个性化的室内软装

必须处理好软装设计。

　　从满足用户的心理需求出发，根据用户的政治和文化背景，以及社会地位等不同条件，满足不同消费群体的不同需求，只有针对不同的消费群体做深入研究，才能创造出个性化的室内软装（图1-54）。只有以人为本，才能使设计人性化（图1-55）。

　　作为一名软装设计师，要以人为主体，结合室内空间的总体风格，充分利用不同装饰物所呈现出的不同特点和文化内涵，使单调、枯燥、静态的室内空间变成丰富、充满情趣、动态的空间（图1-56）。

　　目前国内软装行业的服务群体主要是

图 1-55　人性化的室内软装

图1-56　充满情趣的酒店室内设计

图1-57　别墅软装设计

图1-58　房地产样板间软装设计

图1-59　欧式家居风格

图1-60　日式家居风格

相对富有的高端业主。主要设计项目包括中高档住宅、别墅（图1-57）、房地产样板间（图1-58）、高档奢侈品展示厅、高档商品店面陈列、家居类产品展会布置与店面设计等。国内的软装设计师与设计机构主要分布于北京、上海、广州、深圳等经济相对发达的一线城市。

随着软装设计的普及以及先进观念的迅速传播，在软装装饰及家居饰品行业，中国正孕育着巨大的消费潜力，将是下一个会被追捧的创业蓝海之一。在国外，软装配饰概念已经十分普及，一般不用市场的引导，消费者会自主地在一年四季更换家居搭配，营造不同的感受。正是因为欧美软装行业体系已经成熟，并且在过去50年内积累了大量行业经验，所以欧美软装企业的经验大可供国内相关人士及企业参考。软装设计是中国市场驱动的特定结晶，是当前时代的必然产物，随着我国设计行业的加速推进，软装设计与室内空间设计必然会像欧美国家一样渐渐融合，并最终合为一体（图1-59、图1-60）。

思考与练习

1. 简述软装与陈设的概念。

2. 列举软装与陈设的区别。

3. 软装设计与陈设设计的作用有哪些？

4. 软装与陈设可分为哪些类别？

5. 了解相关资料，结合当今室内设计市场，谈谈你对软装设计与陈设设计市场的发展情况的
   看法。

6. 生活中常用的一些软装与陈设饰品有哪些？

第二章
软装设计实践

学习难度：★★☆☆☆

重点概念：设计师、设计原则、设计流程

章节导读

　　设计是一种把计划、规划、设想通过视觉形式传达出来的实践过程，是艺术与技术的统一，是人类不可或缺的视觉享受。而设计师则是通过设计这座桥梁，在从事的领域里创造、创新，为人类造福。人们常常把设计师和艺术家混为一谈，设计师仅有感性和灵感是远远不够的，还需要具备更多的能力和素质。

第一节
室内软装设计师

软装设计师必须具有宽广的文化视角、深邃的智慧、丰富的知识、创新的精神、敏感的洞察力和解决问题的能力。

一、设计师应具备的能力

1. 注重使用者的生活方式

作为软装设计师，不仅仅需要关注室内设计风格，强化主题，更重要的是关注使用者的生活方式（图2-1）。软装表达需要对使用者的生活方式进行探究，从家具、布艺、灯具、绿植、花艺、挂画，到空间美感和使用者品位的体现，都需要设计师根据空间及使用者的特征，进行观察、表述，最终演绎出来（图2-2）。

2. 具备良好的沟通能力

软装设计师需要具备良好的沟通能力。在与使用者沟通的过程中，只有了解使用者的品位、美感需求，才能够设计出使用者习惯和喜好的空间场景（图2-3）。软装设计师在沟通的过程中始终要明白设计的起点是使用者，终点也是使用者，要从使用者的需求出发，制定出与使用者相匹配的设计流程。

3. 不断加强对美感、质感的高品质追求

软装设计师不仅要将室内空间合宜地设计出来，还要在个别装饰品的选择上，拥有独到的眼光。这种能力来源于软装设计师平时的观察与积累，所以要不断加强对美感、质感的追求。例如，根据特定的环境定制灯具，就要对面料、质感、设计材料样板表、主体色、背景色、点缀色一一确认，从而提高对整个空间设计风格的把控能力（图2-4～图2-6）。

图2-2 摆件、花艺等装饰

图2-1 清新舒适的卧室设计

图2-3 豪华大气的别墅软装设计

图 2-4 古朴厚重的中式软装设计

图 2-5 田园风格的软装设计

图 2-6 地中海风格的软装设计

二、设计师应具备的素质

1. 自信

设计师应坚信自己的经验、眼光、品位，做到不盲从、不骄、不浮，以严谨的态度面对设计，不为个性而个性，也不为设计而设计。作为一名设计师，必须有独特的素质和高超的设计技能，无论多么复杂的设计课题，都能认真总结经验，用心思考，反复推敲，实现充满创意的软装设计（图 2-7）。

2. 职业道德

设计师职业道德的高低和设计师人格的完善有很大关系，往往决定设计师设计水平的就是人格的完善程度，设计师应该注重个人的修行以及对周围事物的审美情趣（图 2-8）。

3. 自我提升

设计能力的提高必须在学习和实践中进行。设计师的广泛涉猎和专注是矛盾与统一的，前者是灵感和表现方式的源泉，后者是工作的态度。设计的关键是拥有灵感，富有创意的灵感需要修养和时间去孵化。设计师还需要开阔的视野，使信息有广阔的来源渠道。

4. 多角度考量

个性化设计可能来自历史悠久的文化传统和富有民族文化本色的设计思想。民族性、独创性、个性的设计是具有价值的，地域特点是设计师的知识背景之一。未来的设计师不再是狭隘的民族主义者，民族的标志更多地体现在民族精神层面，民族和传统已成为一种设计风格，设计师有必要认真看待民族传统和文化（图 2-9、图 2-10）。

图 2-7　充满创意的儿童房软装设计

图 2-8　装饰画与花艺、抱枕的呼应

图 2-9　中式风格软装设计　　　　图 2-10　日式风格软装设计

软装设计师与室内设计师的区别

小／贴／士

室内设计师主要是对建筑内部空间的六大界面，按照一定的设计要求，进行二次处理，也就是对通常所说的天花、墙面、地面的处理，以及分割空间的实体、半实体等内部界面的处理。软装设计师则是通过自然环境配合客户的生活习惯打造一个舒适科学的生活空间。

软装设计师不需要繁琐的专业软件，只要热爱生活，对配饰行业有极高的兴趣，或是具有一定的生活阅历及品位，都可以成为很好的软装设计师。

室内设计师所需掌握的软件为 3ds max、AutoCAD、Photoshop 等，要求设计师能够绘制效果图，同时还要有较强的手绘功底，还需要掌握建筑里的硬件设施，与工地施工员打交道较多。而软装设计师对于生活细节方面要有所把握，要注重细节设计。软装设计工作流程应以实际产品为主，方案制作过程中所需的软件为 AutoCAD、Photoshop 等。

第二节
软装设计原则

一、定好风格，再做规划

软装设计不仅可以满足现代人多元的、开放的、多层次的时尚追求，还可以为环境空间注入更多的文化内涵，增强环境的意境美感。

软装设计的重点是先确定环境空间的整体风格（图 2-11），然后用家具、饰品做点缀。在设计规划之初，软

图 2-11　地中海风格卫生间设计

图 2-12　卫生间软装设计

装设计师就要先将客户的习惯、好恶等全部列出，并与客户进行沟通，使软装设计师在考虑空间功能定位和客户使用习惯的同时满足个人风格的需求（图2-12）。

二、比例合理，功能完善

可以考虑用 1∶0.618 的黄金分割比例来划分环境空间。例如，不要将花瓶放在窗台正中央，偏左或者偏右放置会使视觉效果活跃很多（图2-13）。

稳定与轻巧的软装搭配比例在很多环境空间都适用。稳定的软装搭配适用于整体，轻巧的软装搭配适用于局部。软装布置得过重，会让人觉得压抑，过轻又会让人觉得轻浮，所以在软装设计时也要注意色彩比例搭配的轻重结合、装饰物的形状大小分配协调和整体布局的合理完善等问题（图2-14）。

三、节奏适当，找好重点

节奏与韵律是通过体量大小的区分、

图 2-13　窗台下的绿植

图 2-14　配合适度的设计

空间虚实的交替、构件排列的疏密、长短的变化、曲柔刚直的穿插等变化来表现的（图2-15）。在软装设计中虽然可以采用不同的节奏和韵律，但同一个空间切忌使用两种以上的节奏，那会让居住者无所适从、心烦意乱。

在环境空间中，视觉中心是极其重要的设计要点，人的注意范围一定要有一个中心点，这样才能构成主次分明的层次美感，这个视觉中心就是空间布置上的重点。对视觉中心的强调，可打破全局的单调感，使整个空间变得有朝气（图2-16）。

四、多样配置，统一协调

软装布置应遵循多样与统一的原则，家具要有统一的风格和格调，再通过饰品、摆件等进行点缀，进一步提升居住环境的品位（图2-17）。调和是将对比双方进行缓冲与融合的一种有效手段。例如，通过暖色调的运用和柔软布艺的搭配（图2-18）。

不要刻意地去创新，简单地搭配也很出彩。

23

图 2-15　以红色、黄色为主调

图 2-16　以桌椅为重心

图 2-17　暖色调与布艺的搭配

图 2-18　局部装饰

第三节
软装设计流程

国外的软装设计工作基本是在硬装设计之前开始或者与硬装设计同时进行，但我国的操作流程基本是在硬装设计方案确定后，再制作软装设计方案，甚至是在硬装装修施工完成后再由软装公司介入。

一、前期准备

1. 完成空间测量

软装设计师应去项目现场观察空间结构，了解硬装基础，测量空间的尺度，并给各个角落拍照，收集硬装节点，绘出室内空间的平面图和立面图。

2. 与客户进行探讨

软装设计师应与客户沟通空间合理分配（图 2-19）、生活习惯、文化喜好（图 2-20）、宗教禁忌等各个方面，了解客户的生活方式，捕捉客户深层的需求点，

观察并了解硬装现场的色彩关系及色调，控制软装设计方案的整体设计意向。

3. 软装设计方案初步构思

综合以上环节，软装设计师则可以绘制平面草图的初步布局，将拍摄的素材进行归纳分析，根据初步的软装设计方案的风格（图 2-21）、色彩、质感和灯光等，选择适合的家具（图 2-22）、灯具、饰品、花艺、挂画等。

4. 签订软装设计合同

与客户签订合同时，软装设计师不仅要重视定制物品的价格，还要核对好定制物品的出厂时间。确认厂家制作、发货和到货时间，以免影响软装施工的进度。

二、中期配置

1. 二次空间测量

在软装设计方案初步成型后，软装设计师应到现场对环境空间和软装设计方案初稿反复考量，确定方案的合理性，对设计细部进行调整，并全面核实饰品尺寸。

图 2-19 利用空间的软装设计

图 2-20 具有地中海风情的楼梯花纹设计

图 2-21　新古典风格设计

图 2-22　新古典风格家具

2. 制订软装设计方案

在客户对软装设计方案初稿认可的基础上，通过对配饰的调整，明确各项配饰的价格及组合效果，按照配饰设计流程制作出成熟的软装设计方案。

3. 讲解软装设计方案

软装设计师为客户系统全面地讲解成熟的软装设计方案，并在介绍过程中不断征求客户及其家庭成员的意见，以便对方案进行归纳和修改。

4. 确定软装配饰

与客户签订采购合同之前，软装设计师应先与相应厂商核定软装配饰的价格及存货情况。

5. 修改软装设计方案

软装设计师应针对客户反馈的意见对方案进行调整，包括色彩、风格、配饰元素以及预算的调整。

6. 进场前产品复查

软装设计师要在家具未上漆之前亲自到工厂验货，对材质、工艺进行初步验收和把关。在家具即将出厂或送到现场时，设计师要再次对现场空间进行复查，将软装设计方案中的家具（图2-23）和布艺等尺寸在现场进行核定（图2-24）。

7. 进场时安装摆放

配饰产品到场时，软装设计师应亲自参与摆放。对于软装整体配饰的组合摆放，软装设计师要充分考虑各个元素之间的关系以及客户的生活习惯。

三、后期服务

软装配置完成后，应对软装整体配饰进行保洁、回访跟踪、保修勘察及送修服务，为客户提供一份详细的配饰产品手册。配饰产品手册应包括布艺的分类、布料的清洗方法、摆件的保养方法、绿植的养护方法、家具的维修方法等。

以窗帘的保养为例，窗帘应半年左右清洗一次，并且要根据其本身的材料特点来清洗，以免破坏窗帘本身的质感。

图 2-23　合理尺寸的装饰品

图 2-24　尺度适当的家具

思考与练习

1. 软装设计师应具备哪些基本能力与素质？

2. 软装设计师与其他相关行业的设计师相比有哪些区别？举例说明。

3. 软装设计要坚持哪些原则？

4. 简述软装设计的大致流程。

5. 选择一个空间进行软装设计。

第三章
室内软装色彩设计

学习难度：★★★★☆

重点概念：属性、寓意、配色方案

<table>
<tr><td>章节
导读</td><td>　　在室内软装设计中不仅要考虑色彩效果给空间塑造带来的限制性，同时更应该充分考虑色彩特性的视觉效果。运用色彩不同的明度、彩度与色相变化来有意识地营造或明亮、或沉静、或热烈、或严肃的风格的空间效果。配色要遵循色彩的基本原理，符合规律的色彩才能打动人心，并给人留下深刻的印象。了解色相、明度、纯度、色调等色彩的属性，是掌握配色原理的第一步。通过对色彩属性的调整，整体配色给人的感觉也会发生改变。改变其中某一因素，都会直接影响整体的效果（图3-1）。</td></tr>
</table>

图 3-1　玄关软装设计的色彩搭配

第一节
色彩设计基础

一、色彩的属性

1. 色相

色相决定了颜色的本质。自然界中色彩的种类很多，如红、橙、黄、绿、青、蓝、紫等，颜色的"相貌"就叫色相。

一般使用的色相环是 12 色相环（图 3-2）。在色相环上相对的颜色组合称为对比型，如红色与绿色的组合；靠近的颜色称为相似型，如红色与紫色或橙色的组合；只用相同色相的配色称为同相型，如红色可通过混入不同分量的白色、或黑色，形成同色相、不同色调的色彩搭配。

色相包括红色、橙色、黄色、绿色、蓝色、紫色六个种类。其中，暖色包括红色、橙色、黄色等，给人温暖、活泼的感觉；冷色包括蓝色、蓝绿色、蓝紫色等，让人有清爽、冷静的感觉；而绿色、紫色则属于冷暖平衡的中性色。

2. 明度

明度指色彩的亮度。颜色有深浅、明暗的变化。例如，深黄、中黄、淡黄、柠檬黄等黄色在明度上就不一样，紫红、深红、玫瑰红、大红、朱红、橘红等红色在明度上也不尽相同。这些颜色在明暗、深浅上的不同变化，也就是色彩的明度变化特征（图 3-3）。在任何色彩中添加白色，其明度都会升高；添加黑色，其明度会降低。色彩中最亮的颜色是白色，最暗的是黑色，其间是灰色。在一个色彩组合中，如果色彩之间的明度高，可以达到时尚活力的效果；如果明度低，则能达到稳重优

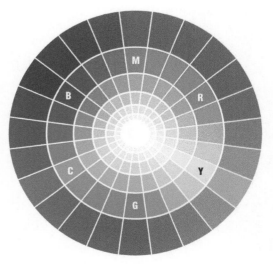

图 3-2　色相环

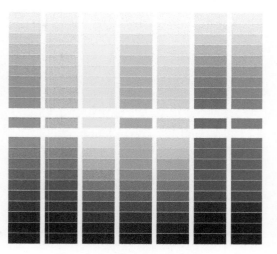

图 3-3　色彩的明度与纯度变化表

雅的效果。

3.纯度

纯度指色彩的鲜艳程度，也叫饱和度。原色是纯度最高的色彩。颜色混合的次数越多，纯度越低；反之，纯度越高。原色中混入补色，纯度会立即降低、变

灰。纯度最低的色彩是黑、白、灰这样的无彩色。纯色因不含任何杂色，饱和度最高，因此，任何颜色的纯色均为该色系中纯度最高的。纯度高的色彩，给人鲜艳的感觉；纯度低的色彩，给人素雅的感觉（图3-4）。

图 3-4　素雅的感觉

4. 色调

色调是指一幅作品色彩外观的基本倾向，泛指大体的色彩效果。一幅绘画作品虽然用了多种颜色，但总体有一种色彩倾向，偏蓝或偏红、偏暖或偏冷等。这种颜色上的倾向就是一幅绘画的色调。通常可以从色相、明度、冷暖、纯度四个方面来定义一幅作品的色调。软装设计中的色调可以借助灯光设计来表现色彩倾向，营造不同的情景氛围（图3-5）。

二、色彩的角色

1. 主体色

主体色主要是由大型家具或一些大型空间陈设、装饰织物所形成的中等面积的色块。主体色是配色的中心色，搭配其他颜色通常以此为主。客厅沙发、餐厅餐桌的色彩就属于其对应空间的主体色。主体色的选择通常有两种方式：要产生鲜明、生动的效果，则应选择与背景色或者配角色呈对比的色彩；使整体协调、稳重，则应选择与背景色、配角色相近的同相色或类似色（图3-6）。

2. 配角色

配角色视觉的重要性和体积次于主体色，常用于陪衬主体色，使主体色更加突出。配角色常见于体积较小的家具，例如短沙发、椅子、茶几、床头柜等。合理的配角色能够使空间产生动感，活力倍增。配角色常与主体色保持一定的色彩差异，既能突出主体色，又能丰富空间。但是配角色的面积不能过大，否则就会压过主体色（图3-7）。

图3-5 借助灯光营造的暖色调

图 3-6　浅绿色为主体色

图 3-7　床头柜为配角色

3. 背景色

背景色通常指墙面、地面、天花、门窗以及地毯等大面积的界面色彩。背景色由于其绝对的面积优势，支配着整个空间的效果。而墙面因为处在视线的水平方向上，对装饰效果的影响最大，往往是环境配色首先关注的地方。设计师可以根据需要营造的空间氛围来选择背景色，柔和的色调可以营造自然、田园的效果；明亮的色调可以营造活跃、热烈的效果（图3-8）。

4. 点缀色

点缀色是最易于变化的小面积色彩，比如靠垫、灯具、织物、植物、摆设品等饰品的色彩。一般会选用高纯度的对比色来打破单调的整体效果。虽然点缀色的面积不大，但是却具有很强的表现力（图3-9）。

三、色彩的寓意

色彩不仅使人产生冷暖、轻重、远近、明暗的感觉，而且会引起人们的诸多联想。一般层面上，不同的色彩会给人不同的心理感受和情感反应，反应的不同可能与个人的喜好有关，也可能与文化背景有关。

1. 清爽宜人的蓝色

蓝色象征着永恒，是一种纯净的色彩。蓝色会让人联想到海洋、天空以及浩瀚的

图 3-8　墙面的背景色

图 3-9　花艺点缀色

宇宙。蓝色在家居装饰中常常是地中海风格的体现（图 3-10）。

2. 清新自然的绿色

绿色是自然界中最常见的颜色。绿色是生命的原色，象征着平静与安全，通常被用来表示生命以及生长，代表了健康、活力和对美好未来的追求。绿色的魅力在于它体现了大自然的舒适感，能让人类在紧张的生活中得以释放（图 3-11）。

3. 热烈奔放的红色

在所有色系中红色是最热烈、最积极向上的一种颜色。在中国人的眼中，红色代表醒目、重要、喜庆、吉祥、热情、奔放、激情、斗志。酒红色的醇厚与尊贵给人一种雍容、豪华的感觉，为一些追求华贵的人所偏爱；玫瑰色格调高雅，传达的是一种浪漫情怀，所以这种色彩

为大多数女性所喜爱。粉红色给人以温馨、放松的感觉，适宜在卧室或儿童房里使用（图 3-12）。但是居室内红色过多会让眼睛负担过重，让人产生头晕目眩的感觉。

4. 充满活力的黄色

黄色是三原色之一，给人轻快、充满希望和活力的感觉。黄色总是与金色、太阳、启迪等事物联系在一起。许多春天开放的花都是黄色的，因此黄色也象征新生。水果黄带着温柔的特性；牛油黄散发着一股原动力；而明黄色则给人温暖的感觉（图 3-13）。

5. 欢乐明快的橙色

橙色是红黄两色结合产生的一种颜色，因此，橙色也具有两种颜色的象征含义。橙色是一种欢快而运动的颜色，具有

装饰漆可以为空间添一抹亮色，但关键在于掌握其使用程度。使用过量则会显得粗俗。

图 3-10　蓝色调

图 3-11　绿色调

图 3-12　红色调

图 3-13　黄色调

图 3-14　橙色调

明亮、华丽、健康、兴奋、温暖、欢乐、辉煌的色感（图 3-14）。

6. 神秘浪漫的紫色

紫色是由温暖的红色和冷静的蓝色组合而成，是极佳的刺激色。紫色是浪漫、梦幻、神秘、优雅、高贵的代名词，它独特的魅力、典雅的气质吸引了无数人的目光。一般浅紫色搭配纯白色、米黄色、象牙白色会显得淡雅、别致；深紫色搭配黑色、藏青色会显得比较稳重（图 3-15）。

7. 富丽堂皇的金色

金色熠熠生辉，显现了大胆和张扬的个性，在简洁的白色衬映下，视觉效果会

显得很干净。但金色是较容易反射光线的颜色之一，金光闪闪的环境对人的视线伤害最大，容易使人神经高度紧张，不易放松（图 3-16）。

8. 优雅厚重的咖啡色

咖啡色属于中性暖色调，优雅、朴素，庄重而不失雅致。它摒弃了黄金色调的俗气和象牙白的单调和平庸（图 3-17）。

9. 现代简约的黑白色

黑白色被称为"无形色"，也可称为"中性色"，属于非彩色的搭配。黑白色是最基本和简单的搭配，灰色属于万能色，可以和任何彩色搭配，也可以帮助两种对立的色彩和谐过渡（图 3-18）。

图 3-15　紫色调

图 3-16　金色调

"华丽"和"朴素"因彩度和明度不同而具有感情，像纯色那样彩度高的色或明度高的色，给人以华丽感；冷色具有朴素感；白、金、银色有华丽感；黑色按使用情况有时产生华丽感，有时则产生朴素感。

图 3-17　咖啡色调

图 3-18　黑白色调

第二节
色彩设计运用

一、色彩组合

色彩效果取决于不同颜色之间的相互关系，同一颜色在不同的背景条件下可以迥然不同，这是色彩所特有的敏感性和依存性，因此处理好色彩之间的协调关系是配色的关键。

1. 同相系组合

同一色相不同纯度的色彩组合，称为同相系组合，如湛蓝色搭配浅蓝色具有统一和谐的感觉。在空间配置中，同相系搭配是最安全也是接受度最高的搭配方式。同相系中的深浅变化及其呈现的空间景深与层次，让整体尽显和谐一致的融合之美（图 3-19）。相近色彩的组合可以创造一个平静、舒适的环境，但这并不意味着在同相系组合中不采用其他的颜色。应该注意过分强调单一色调的协调而缺少必要的点缀，很容易让人产生疲劳感。

2. 相似色组合

相似色组合是最容易运用的一种色彩方案，也是目前最受人们喜爱的一种色调。这种配色方案只用两三种在色环上互相接近的颜色，以一种颜色为主，其他颜色为辅，如黄与绿、黄与橙、红与紫等。一方面要把握好两种色彩的和谐，另一方面又要使两种颜色在纯度和明度上有区别，使之互相融合，取得相得益彰的效果（图 3-20）。

3. 对比色组合

如果想要表达开放、有力、自信、坚决、活力、动感、年轻、刺激、饱满、华美、明朗、醒目之类的软装设计主题，可以运用对比型配色。对比型配色的实质就是冷色与暖色的对比，一般在色相环上相互位于 150° ～ 180° 之间的配色视觉效果较为强烈。在同一空间，对比色能制造冲击力的效果，让房间个性更明朗，但不宜大面积同时使用（图 3-21）。

使用色差最大的两个对比色相进行色彩搭配，可以让人印象深刻。由于对比强烈，因此必须特别慎重考虑色彩之间的比例问题。使用对比色配色时，必须利用一种大面积的颜色与另一种较小面积的对比色来达到平衡，如果两种色彩所占的比例相同，那么对比会显得过于强烈（图 3-22）。

图 3-19 深蓝搭配浅蓝

图 3-20 深红与深咖的组合

图 3-21 蓝色与绿色的对比

图 3-22 蓝色与黄色的对比

4. 双重对比色组合

双重对比色组合即两组对比色同时运用，采用四个颜色，可能会造成视觉混乱，但可以通过一定的技巧进行组合尝试，达到多样化的效果。使用时应注意两组对比色的主次问题，对小房间来说应把其中的一组对比色作为重点处理（图 3-23）。

5. 无彩系组合

黑、白、灰、金、银五种中性色是无彩色，主要用于调和色彩搭配，突出其他颜色。其中金、银是可以陪衬任何颜色的百搭色，当然金色不适合搭配黄色，银色不适合搭配灰白色。彩色是活跃的，而无彩色则是平稳的，这两类色彩搭配在一起，具有很好的表现效果。软装饰品中黑、白、灰颜色的物品并不少，将它们搭配在

一起别有一番情趣，并具有现代感（图 3-24）。

6. 自然色组合

自然色泛指中间色，是所有色彩中弹性最大的颜色。中间色皆来源于大自然中的事物，如树木、花草、山石、泥沙、矿物，甚至是枯叶败枝（图 3-25）。自然色是室内色彩应用之首选，不论硬装设计还是软装设计，几乎都可以以自然色为基调，再搭配其他色彩，从而得到和谐的效果。

二、色彩搭配运用方法

1. 装饰常用配色方法

（1）色彩搭配黄金法则。室内配色黄金比例为 6∶3∶1，其中占比"6"为背

图 3-23　紫色、黄色、蓝色、绿色之间的互补

图 3-24　无彩系组合

图 3-25　自然色组合

景色，包括墙面、地面、顶面的颜色；占比"3"为搭配色，包括家具的基本色系等；占比"1"为点缀色，包括装饰品的颜色等。这种搭配比例可以使室内的色彩丰富，主次分明，主题突出又不显得杂乱。在设计和方案实施的过程中，空间配色最好不要超过三种色彩。空间配色方案要遵循一定的顺序，可以按照硬装→家具→灯具→窗帘→地毯→床品和靠垫→花艺→饰品的顺序（图3-26）。

（2）确定一个色彩为主导。对一个房间进行配色，通常以一个色彩为主导，空间中的大面积色彩主要从这个色彩中提取，但并不意味着房间内的所有颜色都要完全照此色彩来搭配（图3-27）。

（3）适当运用对比色。适当选择某些强烈的对比色，可以强调和点缀环境的色彩效果。但是对比色的选用应避免太杂，一般在一个空间里选用两至三种主要颜色对比组合为宜（图3-28）。

图 3-26　色彩搭配黄金法则

图 3-27　确定一个色彩为主导

（4）色彩混搭。一般情况下，在同一空间最好不要超过三种颜色，色彩太多容易让人产生不舒服的感觉。但是，三种颜色又无法满足个性达人的需要。色彩混搭的秘诀在于掌握好色调的变化，两种颜色对比非常强烈时通常需要一个过渡色（图 3-29）。

（5）白色起到调和作用。白色是万能色，如果同一个空间里各种颜色都很抢眼，可以加入适量的白色进行调和。白色可以让所有颜色都和谐起来，同时提高亮度，让空间显得更加开阔，从而弱化凌乱感（图 3-30）。

（6）米色具有温暖感。根据色彩对心理情绪的影响，色彩可以分为暖、冷两类色调。暖色以红、黄为主，体现温馨、热情、欢快的气氛。冷色以蓝、绿为主，体现冷静、湿润、淡薄的气氛。在寒冷的冬日里，除了花团锦簇可以表现盎然春意，还有一种颜色拥有驱赶寒意的巨大能量，那就是米色。米色系的米白、米黄、驼色、浅咖啡色等都是十分优雅的颜色，米色系和灰色系一样百搭，但灰色很冷，米色则很暖。相比白色，米色更加内敛、沉稳，

图 3-28　适当运用对比色

图 3-29　色彩混搭

图 3-30　白色起到调和作用

并且显得大气时尚（图3-31）。

2.利用色彩调整空间缺陷

对于不同的色彩，人们的视觉感受是不同的。充分利用色彩的调节作用，可以重新塑造空间，弥补室内的某些缺陷。

（1）调整过大或过小的空间。深色和暖色可以让大空间显得温暖、舒适。强烈、显眼的点缀色适用于大空间的墙面，用以制造视觉焦点，如独特的墙纸或手绘（图3-32）。但要尽量避免让同色的装饰物分散在空间的各个角落，这样会使大空间显得更加扩散，缺乏重心，将近似色的装饰物集中陈设便会让空间聚焦。清新、淡雅的墙面色彩运用可以让小空间看上去更大；鲜艳、强烈的色彩用于点缀，可以增加整体空间的活力和趣味；还可以用不同深浅的同类色做叠加以增加整体空间的

层次感，让其看上去更和谐而不单调。

（2）调整过大或过小的进深。纯度高、明度低、暖色相的色彩看上去有向前的感觉，被称为前进色；反之，纯度低、明度高、冷色相的色彩被称为后退色。如果空间狭窄，可采用前进色处理墙面；如果空间空旷，可采用后退色处理墙面（图3-33）。

（3）调整过高或过低的空间。深色给人下坠感，浅色给人上升感。同纯度同明度的情况下，暖色较轻，冷色较重。空间过高时，可用较墙面温暖、浓重的色彩来装饰顶面。但必须注意色彩不要太暗，以免使顶面与墙面形成太强烈的对比，使人有塌顶的错觉；空间较低时，顶面最好采用白色，或比墙面淡的色彩，地面采用重色（图3-34）。

图3-31 米色系

图3-32 独特的墙纸或手绘

图3-33 调整过大或过小的进深

图3-34 调整过高或过低的空间

现代简约风格配色方案

小贴士

简约风格的色彩选择上比较广泛，只要遵循清爽原则，颜色和图案与居室本身以及居住者的情况相呼应即可。黑、白、灰色调在现代简约的设计风格中被作为主要色调广泛运用，让室内空间不会显得狭小，反而有一种鲜明、个性的感觉。此外，简约风格也可以使用苹果绿、深蓝、大红、纯黄等高纯度色彩，起到跳跃的视觉感受。

思考与练习

1. 色彩的属性有哪些？请简要概述。

2. 色彩在软装设计中充当哪些角色？

3. 简要概述常见色彩的寓意。

4. 色彩有哪些搭配方式？

5. 色彩可以调整哪些空间缺陷？

6. 课后查阅相关资料，总结各种设计风格的配色方案。

第四章
家 具 设 计

学习难度：★ ★ ★ ★ ☆

重点概念：客厅、卧室、餐厅、书房、卫生间

章节导读　　　家具由材料、结构、外观形态和功能四种元素组成，这四种元素互相联系，又互相制约。其中功能是主导，是推动家具发展的动力，结构是主干，是实现功能的基础。由于家具是为了满足人们一定的使用目的而设计与制作的，因此家具还具有材料和外观形态方面的属性。家具既是物质产品，又是艺术创作（图4-1）。

图4-1　餐厅家具设计

图 4-2　门厅玄关

第一节
门厅玄关

门厅玄关家具不是一件摆设，而是一种文化的承载物，它是反映文化气质的"脸面"（图 4-2）。门厅玄关家具的摆放既不能妨碍人们出入通行，又要发挥家具的使用和装饰功能，通常的选择是低柜和长凳，低柜属于收纳型家具，可以放鞋、雨伞和杂物，台面上还可放钥匙、手机等物品，长凳的主要作用是方便换鞋和休息。

一、鞋柜

市面上常见的鞋柜主要有三种。一种是抽屉式鞋柜（图 4-3）；一种是开门式鞋柜（图 4-4）；另一种是翻斗式鞋柜（图 4-5）。

鞋柜通常放在门厅玄关处，是必用的家具。切勿选择过高过大的鞋柜，因为各种鞋子混杂的气味和病菌，容易对家人的

呼吸道器官造成侵害。如果已经购买了大鞋柜，则少放些鞋子，将上层空间用于存放其他物品（图 4-6 ～图 4-8）。

二、长凳

如果空间够大，入户玄关可以用一个有序的方式来组织空间与功能，将鞋柜、

图 4-3　抽屉式鞋柜

图 4-4　开门式鞋柜

图 4-5　翻斗式鞋柜

图 4-6　大型鞋柜

图 4-7　小型鞋柜

长凳、全身镜、挂钩、隔板等安排妥帖，让其风格形态统一，展现入户空间毫不松散的凝聚感（图 4-9、图 4-10）。

独立的带储物功能的换鞋长凳，也是小空间的上佳之选（图 4-11～图 4-13）。

图 4-8　简洁型鞋柜设计

玄关设计掺杂着风水理论。玄关外一般不会为全开放格局，会设置视觉隔断或者独立空间。

图 4-9　一体化长凳

图 4-10　风格形态统一的玄关区间

图 4-11　独立的带储藏功能的长凳

图 4-12　简洁型长凳

图 4-13　复古型长凳

第二节
客　厅

　　客厅是住宅中最主要的空间，是家庭成员及客人停留时间最长，最能集中表现家庭物质生活水平和精神风貌的空间，因此，客厅应该是设计与装饰的重点。客厅是家庭成员及客人共同活动的空间，在空间条件允许的前提下，需要合理地将会谈、阅读、娱乐等功能区划分开。诸多的家具一般贴墙放置，将个人使用的陈设品转移到私密的房间里，腾出客厅空间用于公共活动。同时尽量减少不必要的家具，如整体展示柜、跑步机、钢琴等，可以将其放到阳台或书房，或者选购折叠型产品，增加活动空间（图4-14）。

一、电视柜

电视柜是客厅观赏率最高的家具，主要分为地台式、地柜式、悬挑式和拼装式几种。

1. 地台式

地台式电视柜一般是通过装修现场定制而成，采用石材制作台柜表面，外观大气、浑然一体。选购时应注意成品家具的长度，不是所有的客厅都适合大体量的地台电视柜。地台式电视柜一般没有抽屉，而液晶电视机就得挂在墙上（图4-15）。

2. 地柜式

地柜式电视柜配合客厅中的视听背景墙，既可以安置多种多样的视听器材，还可以将主人的收藏品展示出来，让视听区达到整齐、统一的装饰效果，既实用又美

观的设计，给客厅增添了一道"风景"。地柜的容量一般很大，可以存放很多物品（图4-16）。

3. 悬挑式

悬挑式电视柜需要预制安装，电视柜的安装对墙体结构要求比较高，最好是实体砖砌筑的厚墙，能承载柜体和电视机的压力。悬挑式电视柜下方内侧可以安装LED灯带，营造出柔和的光源，呼应电视机屏幕（图4-17）。

4. 拼装式

拼装式电视柜已经完全取代了以往又高又大的组合柜。按照客厅的大小可以选择一个高柜配一个矮几，或者一个高柜配几个矮几，高低错落组合的电视柜可分可合，造型富有变化。这种电视柜有背板、搁板架，则不需要电视背景墙。可以用油漆把墙面刷成喜欢的颜色来代替电视柜的背板，再将搁板架直接装到墙上，既简单又漂亮（图4-18）。

图4-14　客厅

图 4-15　地台式电视柜

图 4-16　地柜式电视柜

图 4-17　悬挑式电视柜

图 4-18　拼装式电视柜

选择什么样的电视柜主要取决于客户的喜好和客厅与电视机的大小。如果客厅和电视机都比较小，可以选择地柜式电视柜或单组拼装式电视柜；如果客厅和电视机都比较大，而且沙发也比较时尚，可以选择地台式电视柜或板架结构电视柜，将背景墙刷成和沙发一致的颜色。

二、沙发

沙发不单纯是供休息使用，现在已经发展到集健身、观赏为一体的多功能家具，占据室内空间相当大的面积。沙发材质种类繁多，如布艺、皮料等。

1.构造合理

市场上的沙发按靠背高矮可分为：低背沙发，靠背高于座面 370 mm 左右，给腰椎一个支撑点，属于休息型轻便沙发，方便搬动、占地小；普通沙发，最为常见的是有两个支撑点承托腰椎与胸椎，此类沙发靠背与座面的夹角设计很关键，过大或过小都会导致使用者的腰部肌肉紧张、疲劳；高背沙发，有三个支点，且三点构成一个曲面，使人的腰、肩背、后脑同时靠在靠背曲面上，这就要求木架上三点位置必须合适正确，否则会使坐者感到不适，选购时可以通过试坐加以判定（图4-19）。

2.有良好的弹性，平整柔软

沙发的选择与选席梦思床垫类似，要

求压、按、挤、靠时弹性均匀，压力去除后可以迅速回弹，则反映内部垫层质量高（图4-20）。

高档沙发多采用尼龙带和蛇簧交叉编织网结构，上面分层铺垫高弹泡沫、喷胶棉和轻体泡沫。中档沙发多以层压纤维为底板，上面分层铺垫中密度泡沫和喷胶棉，坐感与回弹性不如前者。

3. 骨架结实可靠

沙发主结构为木质或金属材料，骨架应结实、坚固、平稳、可靠。外露部分通过看、摸来鉴别，内藏部分通过推、摇、晃、坐等动力测试来找感觉。如揭开座下底部一角查看，应该无糟朽、虫蛀，若是采用不带树皮或木毛的光洁硬杂木制作，木料接头处不是用钉子钉接，而是榫卯结合并

且用胶黏牢的即为可靠（图4-21）。

4. 面料美观耐用，合乎使用要求

布艺沙发的面料较厚实、细密、平滑、无挑丝、无外露接头，手感紧绷有力。欧美专业厂家生产的沙发专用面料品质优良，色差极小，色牢度高，织品无纬斜，特别是一些高档面料为提高防污能力，表面还进行了特种处理（图4-22）。进口高档面料还具有抗静电、阻燃等功能。布艺沙发要选择细密平滑、无跳丝、无外露接头、手感有绷劲的面料。可观察缝纫外的针脚是否均匀平直，两手用力拉扯接缝处看是否严密。

沙发面料的使用环境要求它必须耐脏、耐磨损、抗拉伸、抗断裂，其外层能够反复承受人的坐、卧、冲击，里层弹簧、

图4-19 轻便的沙发

图4-20 弹性好的沙发

图4-21 骨架结实的沙发

图4-22 皮质沙发

海绵等弹性体能够伸缩循环。这些决定了人们在关注沙发面料外观图案、色彩的同时，不可忽视其内在质量。

三、茶几

很多人在选择茶几的时候，只是看到卖场里摆放的效果，却没有想到茶几在生活中的作用。合适的茶几，不仅要款式好看，而且还要与其他家具搭配，并且根据使用需要来挑选，选购茶几时要注重美感和功能兼备（图4-23）。

1.恰当的空间

茶几的选择要看空间的大小，小空间放大茶几，茶几会显得喧宾夺主；大空间放小茶几，茶几会显得无足轻重。在比较小的空间中，可以摆放椭圆形、造型柔和的茶几，或是瘦长的、可移动的简约茶几，而流线型和简约型的茶几能让空间显得轻松而没有局促感。

如果环境空间比较大，可以考虑配沉稳、深暗色系的木质茶几。除了搭配主沙发的大茶几以外，在厅室的单椅旁，还可以挑选较高的边几，作为功能性兼装饰性的小茶几，为空间增添更多趣味和变化。在比较小的空间中，主人可选择舒适的布艺沙发，配合北欧风格、现代简约风格的小型塑料茶几、小型玻璃茶几或者长方形的金属茶几。这些茶几能调节空间感和光线的投影，使得小空间呈现明快、温暖、时尚的风情（图4-24）。

2.合适的颜色

茶几与空间的主色调搭配也十分重要。色彩艳丽的布艺沙发可以搭配暗灰色的磨砂金属茶几，或者是淡色的原木小茶几；红木和真皮沙发，就需要搭配厚重的木质或者石质的茶几；金属搭配玻璃材质的茶几能给人以明亮感，有扩大空间的视觉效果；深色系的木质家具，则适合古典的空间（图4-25）。

3.注重功能性

茶几除了具有美观装饰的功能外，还

图4-23 大空间大茶几

图4-24 玻璃茶几

要承载茶具、小饰品等，因此，也要注意它的承载功能和收纳功能。若空间较小，则可以考虑购买具有收纳功能或具有展开功能的茶几，以根据主人的需要加以调整。例如，现在很多茶几都设计有好几层的隔板，茶几的顶层可以用来给客人聊天时放茶具或水果盘等，而下面几层可以放书和其他东西（图4-26）。

4. 巧妙摆放

茶几在空间中的摆放位置也十分重要，不一定要墨守成规。也就是说，茶几不一定要摆放在沙发前面的正中央处，也可以放在沙发旁或落地窗前，再搭配茶具、灯具、盆栽等装饰。一些带轮子的茶几款式，可以展现独特的设计风格。如果要加强局部的美感，可以在茶几下面铺上小块地毯，然后摆上精巧小盆栽，让茶几成为一个美丽装饰（图4-27）。

图4-25 配合沙发颜色的茶几

图4-26 具有收纳功能的茶几

小贴士

壁　炉

壁炉是西方传统的代表，最初的功能是取暖，燃料以木柴为主。壁炉烘托出质朴的乡村风味，它所营造的暖意古色古香。现在的壁炉，不再使用明火取暖了，取而代之的是电热加温，壁炉里熊熊燃烧的炉火实际上是经过设计后的影像，可谓是以假乱真。

图 4-27　沙发旁的小茶几

第三节

儿 童 房

　　儿童房间的布置应该是丰富多彩的，针对儿童的性格特点和生理特点，设计的基调应该是简洁明快、生动活泼、富有想象的。为他们营造一个童话式的意境，使他们在自己的小天地里，更有效地、自由自在地安排课外学习和生活起居。少年儿童对新奇事物有极强的好奇心，在设计构思上要新奇巧妙、单纯、富有童趣，设计时不要以成年人的意识来主导创意。在色彩上，可以根据不同年龄、性别，采用不同的色调和装饰设计。一般来说，儿童房的色彩应该鲜明、单纯，使用有童趣图案、色彩鲜明的窗帘、床单、被套等（图4-28）。

　　儿童房的家具布置，要考虑他们的各个成长阶段，从儿童到青少年时期，在布

图 4-28　儿童房

置时要考虑空间的可变性，作为青少年的房间，要突出表现他们的爱好和个性。增长知识是他们这一阶段的主要任务，良好的学习环境对青少年是十分重要的，书桌、书架是青少年房间的中心区域，在墙上做搁板，是充分利用空间的常用手法，搁板上可摆放工艺品。另外，可折叠的床和组合的家具，简洁实用，富有现代气息，所需空间也不大，很适合青少年使用。

一、床

　　儿童床要尽量避免棱角的出现，边

儿童房家具选购要点

小贴士

儿童房的家具一般较简单，既不需要很多的使用功能，也没有必要追求华丽的外表，而应该在造型以及使用的安全性上多加考虑。儿童房要符合他们的身体尺度，写字台前的椅子最好能调节高度，家具棱角也不宜过多，应该尽量采用圆角或平滑曲线。质地坚硬和易碎的材料如钢、玻璃等应尽量少用，以防止儿童碰撞受伤。在家具造型上，要有新颖的构思，鲜明的特征，如把床设计成车、船的形状，把衣柜柜门设计成门洞的形状，这些都是很好的想法，比较符合儿童的审美情趣。

角要采用圆弧收边。边角用手摸起来要光滑、不能有木刺和金属钉头等危险物。小孩子的天性就是好动的，所以要确保床是稳固的，应挑选耐用的、破坏力承受强的床，避免倒塌的危险；还要定期检查床的接合处是否牢固，特别是有金属外框的床，螺丝钉很容易松脱。把床放在安全的地方，为了防止小孩从床与墙壁之间跌落或夹在里面，床头最好顶着墙，如果床是顺墙摆放，床沿与墙壁之间最好不留缝隙。注意床的用料是否环保，儿童床的材料主要有木材、人造板、塑料、铝合金等，而原木是制造儿童家具的最佳材料，取材天然又不会产生对人体有害的化学物质（图4-29、图4-30）。

儿童床的色彩也是一大亮点。3～6岁的儿童开始懂得性别的区别。因此，父母在为这个年龄阶段的宝贝挑选床时，要充分考虑这一心理。

儿童床的颜色可以根据整个房间的色调来统一，最好以明亮、轻松、愉悦为选择方向，色泽上不妨多点对比色。绿色能引发他们对大自然的向往；红色会激起孩子的生活热情；蓝色则是充满梦幻的色彩（图4-31）。孩子们喜欢热烈、饱满、鲜艳的色彩，男孩的房间中可使用蓝、绿、黄等与自然界色彩相接近的配色方案（图

图4-29　圆弧收边儿童床

图 4-30　双层儿童床

图 4-31　以蓝色为主的儿童房

4-32）；女孩的房间则可以选择以植物花朵为主色的柔和色系，如浅粉、浅蓝、浅黄等。

　　儿童房家具颜色的选择较为丰富，总体上应该采用明亮、饱和、纯正的颜色，太深的色彩不宜大面积使用，面积过大的深色，会产生沉闷、压抑的感觉，这与孩子们活泼、乐观的性格是不相符的。

二、书桌

　　书桌作为儿童房的重要组成部分，在选择时一定要严格要求，材质、安全系数等都要考虑周全，这样才能保证孩子健康、高效、快乐地学习。

图 4-32　以浅绿色为主的儿童房

1. 安全性

选购书桌椅时，首先要考虑安全性。书桌椅的线条应圆滑流畅，圆形或弧形收边的最好，另外还要有顺畅的开关和细腻的表面处理。带有锐角和表面坚硬、粗糙的书桌椅都不能考虑。另外，结构松动的家具会造成危险（图4-33、图4-34）。

2. 环保性

儿童书桌椅应环保无异味，表面的涂层应该具有不褪色和不易刮伤的特点，而且一定要选择使用无害涂料的书桌椅，因为孩子经常要接触到这些家具（图4-35）。

3. 科学性

儿童书桌椅的选择应符合人体工程学原理，书桌椅的尺寸要与孩子的高度、年龄以及体型相结合，这样才有益于他们的健康成长（图4-36）。

4. 色彩巧协调

作为儿童房的一部分，书桌椅的选择要和房间搭调。0～7岁是儿童创造力发

图4-33　儿童书桌

图4-34　稳固的桌椅

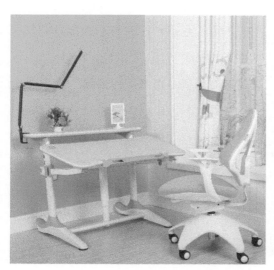

图4-35　环保性

图4-36　科学性

图 4-37 色彩协调的书桌椅

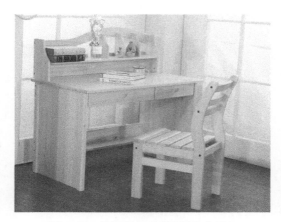

图 4-38 造型简洁、功能性强的书桌椅

展的巅峰,最好用大胆明亮的色彩激发他们的好奇心和注意力。如果选择可调节的儿童书桌椅,最好选择色彩淡雅的,因为它要陪伴孩子很多年(图 4-37)。

5. 造型随功能

不要选择造型过于花哨的儿童书桌椅,一方面是容易过时,另外也容易分散孩子的注意力,使他们不易专注于学习。应选择造型简洁、功能性强的儿童书桌椅(图 4-38)。

第四节
书 房

书房是居室中私密性较强的空间,是人们基本居住条件中高层次的要求,它给人提供了一个阅读、书写、工作和密谈的空间,虽然功能较为单一,但对环境的要求却很高。首先,一般选择在居室中较安静的空间里;其次要有良好的采光和视觉环境,使人能保持轻松愉快的心情。书房中的主要家具是写字台、办公椅、书橱和书架(图 4-39)。

一、写字台

写字台即书桌,最好选择呈 L 形布局的写字台,这样不仅扩大了工作面,能堆放各种资料,还能产生一种半包围的形态,使学习区更加幽静。这种 L 形的写字台还可用于放置电脑,不影响书写,较为实用。一般情况下,写字台都靠窗摆放,人们习惯把写字台平放在窗台下,以取得较好的采光效果,其实这样并不科学,最好将使用者书写用手的另一侧桌面靠窗,这样就不会被手遮挡光线(图 4-40、图 4-41)。

二、书架

书架的放置并没有一定的准则,只要取书方便的场所都可安置非固定式书架;如果空间利用较好,入墙式或吊柜式书架也可以与书桌、电器等组合使用;半身书架靠墙放置时,空出的上半部分墙壁可以配合壁挂等装饰品一起布置;落地式大书架,有时可兼作隔断使用,因为摆满书的书架其隔音性能并不亚于一般砖墙;存放珍贵书籍的书橱应安装玻璃门,可以是推拉式,也可平开式,这应视书房面积大小而定(图 4-42、图 4-43)。

图 4-39　书房

图 4-40　L 型写字台

图 4-41　写字台靠近窗台摆放

图 4-42　简约书架

图 4-43　吊柜式书架

图 4-44　书橱摆放设计

图 4-45　书橱与绿植组合

书橱和书架设计不宜过深，否则放一排书浪费空间，放两排又不易抽取。书橱和书架的搁板要有一定的强度，以防书的重量过大，造成搁板弯曲变形。书橱旁边可摆放一张软椅或沙发，用壁灯或落地灯作照明光源，这样可以随时坐下阅读、休息。休息沙发一般放在入门的一侧，面向窗户最好。在学习、工作疲劳时，可以抬头眺望窗外，有利于消除眼睛疲劳感（图4-44、图 4-45）。

第五节
卧　室

卧室是完全属于使用者的私密空间，纯粹的卧室是睡眠和更衣的空间，由于每个人的生活习惯不同，读书、看报、看电视、上网、健身、喝茶等行为都可以在这里作尽量地完善。在装饰设计上要体现使用者生活的需求和个性，高度的私密性和安全感也是主卧室布置的基本要求。主卧室要能创造出充分表露使用者特点的温馨气氛，让使用者能在温馨的环境中获得身心满足。主卧室的家具以简洁、适用、和谐为搭配原则（图 4-46）。

一、床架

床不仅能消除疲倦，而且好的床垫搭配优质有设计感的床架，使得床变成装饰物，另添一道魅力。目前床架主要有以下

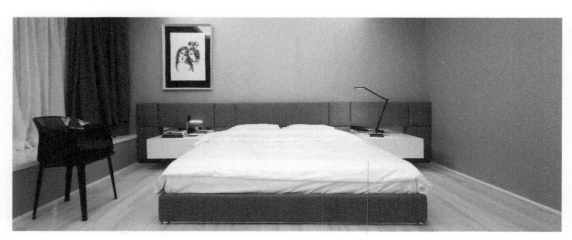

图 4-46　卧室

三种。

1. 木质床架

木质床架取材于大自然,透气性极佳,让人倍感舒适温馨,睡在木质床架上,仿佛有种与自然亲密接触的感觉。木制床架与卧室中其他家具搭配,整体上能够产生协调的柔和之美。木材又可以分为软木和硬木,硬木密度紧、质地重、色泽较深重,是适合长期使用的优良材料;而软木(如松木、橡木等)则由于色泽淡雅舒适,符合现代人的审美观,成为时代的新宠(图4-47)。

2. 布艺床架

布艺床架靠背较舒适,适合半躺在床上看书、看电视等。近年来,随着简约风格和北欧风格的兴起,布艺床架也越来越受欢迎。其优点是外观漂亮,可以随意更改外形和图案,价格相对低廉(图4-48)。

3. 锻铁床架

锻铁床架由于其散发出一种古典韵味,越来越受到一些时尚客户的喜爱。它是一种手工艺品,由于具有冷峻粗糙的质地,再搭配个性的寝饰,更能突显出惬意独特的浪漫情怀。锻铁床材质富于延展,经过焊接处理之后,呈现紧密牢固的形体美感(图4-49、图4-50)。

床架最需考虑的是结构组织,即床头板和床尾板的接合处是否牢固。市场上的进口床中,大多以木结构和钢、五金结构

图 4-47　木质床架

图 4-48　布艺床架

图 4-49　锻铁床架

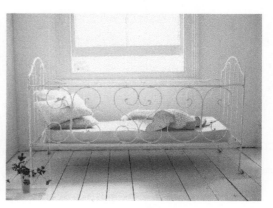

图 4-50　浪漫的寝饰

为主，一般都非常牢固。平日维护时应定期检查其五金是否松动，如实木床架应定期用家具蜡保养，布艺式的床套头应干洗，以防变形等。

二、床垫

以每天 8 小时睡眠计算，普通人一个晚上会移动 70 多次，翻身 10 多次。睡眠时，脊椎的理想状态是自然的"S"型，太硬和太软的床垫都会造成脊椎弯曲，增加椎间盘的压力，引致睡眠中的人多次翻身以寻求舒服的睡眠姿势。

目前，床垫按材料主要分为弹簧床垫、乳胶床垫和山棕床垫三种。

1. 弹簧床垫

弹簧床垫就是平时常说的"席梦思"，它的价位差别很大，购买时要咨询经销商，床垫的弹簧数量是否达到标准，一般情况下，床垫内部的弹簧都应该达到 288 支以上，中等价位的床垫一般都有 500 支左右的弹簧，高等价位的床垫甚至达到 1000 个以上（图 4-51）。

2. 乳胶床垫

乳胶床垫是由天然橡胶加工而成的，纯属天然材质。乳胶床垫的弹性很好，能舒适地支撑起人体。高端的乳胶床垫附有电动装置，能撑起半身（图 4-52）。

3. 山棕床垫

山棕床垫就是俗称的"棕绷"，它也是透气极好的天然材质，并且防霉防蛀、冬暖夏凉。极好的柔韧性使得睡在上面的身体受力面积达到最大，身体能够完全放松下来，睡眠质量自然也会提高。不过，山棕床垫虽然舒适，但使用的时间长，棕绳会渐渐松弛，变形的山棕床垫不适合患有颈椎病的人群了，因此，山棕床垫 3～5 年就要换棕绳，以保持弹性（图 4-53）。

三、床头柜

一直以来，床头柜都是卧室家具中的小角色，通常是一左一右衬托着床，就连它的名字也是以补充床的功能而产生的。床头柜的功能主要是收纳一些日常用品，放置床头灯。而贮藏于床头柜中的物品，大多是为了适应需要和方便取用的物品，如药品等。摆放在床头柜上的物品多是为卧室增添温馨气氛的照片、插花等。

如今，随着床的款式变化和个性化壁灯的设计，床头柜的款式也随之丰富，装饰作用比实用功能更重要了（图 4-54）。

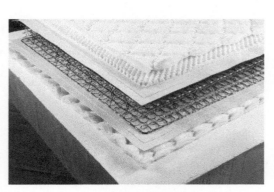

图 4-51 弹簧床垫

图 4-52 乳胶床垫

现代床头柜已经告别了以前不注重设计的时代，设计感越来越强的床头柜正逐渐崭露头角，就算只在床边放置一个床头柜，也不必担心产生单调感（图4-55）。

同时，床头柜的功能也逐渐体现在设计上，如加长型抽屉式收纳床头柜有左右并列四个抽屉，可以移动位置，能够放不少物品；可移动的抽屉式床头柜配有脚轮，移动非常方便，一些不能离身太远的细小物件可以放在身边；单层抽屉床头柜，既可以陈列饰品，还具有收纳能力，而且根据实际需要，还能摇身一变成为小电视柜。同时，床头柜的范畴也在逐步扩大，一些小巧的茶几、桌子也能成为床头的新风景。

四、衣柜

衣柜是卧室装修中必不可少的一部分，它不仅成为了收纳功能的一部分，而且成为了装饰亮点。

1. 推拉门

推拉门衣柜也称移门衣柜或"一"字形整体衣柜，可嵌入墙体，直接将推拉门置顶设计成为硬装修的一部分。推拉门衣柜分为内推拉衣柜和外挂推拉衣柜，内推拉衣柜是将衣柜门置于衣柜内，个体性较强，易融入，较灵活，相对耐用，清洁方便，空间利用率较高；外挂推拉衣柜则是将衣柜门置于柜体之外，多数为根据家中环境的元素需求量身定制的，空间利用率非常高（图4-56）。

推拉式衣柜给人一种简洁明快的感觉，一般适合相对面积较小的空间。可推拉的衣柜门轻巧、使用方便、订制过程较为简便，一直备受客户青睐，大有取代传

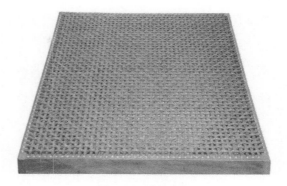

图 4-53　山棕床垫

图 4-54　新古典床头柜

图 4-55　充满设计感的床头柜

统平开门的趋势。

2.平开门

平开门衣柜是靠烟斗合页链接门板和柜体的一种传统开启方式的衣柜，类似于"一"字形整体衣柜。档次高低由门板用材、五金品质两方面决定，优点就是比推拉门衣柜便宜很多，缺点则是比较占用空间（图4-57）。

3.开放式

开放式衣柜的储存功能很强，使用较方便，开放式衣柜比传统衣柜更前卫，开放式衣柜很时尚，对于房间整洁度的要求也比较高，所以要经常注意衣柜清洁。要充分利用卧室空间的高度，尽可能增加

衣柜的可用空间，经常用的物品最好放到随手可及的高度，过季物品应该储存于顶部的隔板上（图4-58、图4-59）。

五、梳妆台

梳妆台是供整理仪容、梳妆打扮的家具，若能设计得当，它也能兼顾写字台、床头柜或茶几的功能。同时，独特的造型、大块的镜面及台面上五彩缤纷的化妆品，都能使室内环境更为丰富绚丽。

梳妆台一般由梳妆镜、梳妆台面、梳妆品柜、梳妆椅及相应的灯具组成。梳妆镜一般很大，而且经常呈现折面设计，这样可使梳妆者清楚地看到自己面部的各个角度。梳妆台专用的照明灯具，最好装在

图4-56 推拉门衣柜

图4-57 平开门衣柜

图4-58 开放式衣柜

图4-59 衣柜的可用空间较大

镜子两侧，这样光线能均匀地照在人的面部。若将灯具装在镜子上方，则会在人眼眶留下阴影，影响化妆效果。

按梳妆台的功能和布置方式，可将之分为独立式（图4-60）和组合式（图4-61）两种。独立式即将梳妆台单独设立，比较灵活随意，装饰效果往往更为突出。组合式是将梳妆台与其他功能的家具组合，这种方式适宜于空间不大的卧室。

将梳妆台放置在窗边的一侧或是其他光线可以充分照射的地方，不宜直接放在窗户正中间。一方面阳光直射对化妆品会造成一定的伤害；另一方面，夏天的阳光太过明亮，可能会在脸上投下阴影，不利于化妆。当然，安装一层浅色的薄窗纱来柔和光线，这个问题就可以解决了。

63

图4-60　独立式梳妆台

图4-61　组合式梳妆台

第六节
厨　房

厨房以橱柜为核心，橱柜的款式虽然每年都在发生变化，但每种风格仍具有它独特的韵味。

一、古典风格

社会的发展反而强化了人们的怀旧心理，这也是古典风格经久不衰的原因，它的典雅尊贵、特有的亲切与沉稳满足了成功人士对它的心理追求。传统的古典风格要求厨房空间很大，U形与岛形是比较适宜的格局形式。在材质上，实木当然视为首选，它的颜色、花纹及其特有的朴实无华为成功人士所推崇（图4-62）。

二、乡村风格

将原野的味道引入室内，让家与自然保持持久的对话，都市的喧嚣得以沉寂，乡村风格的厨房拉近了人与自然的距离。具有乡野味道的彩绘瓷砖，描画出水果、花鸟等自然景观，呈现出宁静而恬适的质朴风采。原木地板也是极佳的装饰材料，温润的脚感仿佛熏染了大地气息，在橱柜的设计上也应多选择实木。水洗绿、柠檬黄是多年来流行的色彩，木条的面板纹饰强化了自然味道，乡村风格的厨房让生活更加充满闲适自然的味道（图4-63）。

三、现代风格

现代风格流行最广泛，每个品牌都会适时推出现代风格的款式，现代风格橱柜

图 4-62　古典风格橱柜

图 4-63　乡村风格橱柜

图 4-64　现代风格橱柜

由于设计新颖、时代感强而备受推崇。现代风格橱柜摒弃了华丽的装饰，线条上简洁干净，注重色彩的搭配，从炫丽的红、黄、紫到明亮的蓝、绿都被应用。在与其他功能空间的搭配上，现代风格也更适用些。现代风格橱柜在设计上不受约束，对装饰材料的要求也不高，或许这也是它广泛流行的原因（图 4-64）。

四、前卫风格

前卫的年轻人追求标新立异，他们在材质上多选择当年最为流行的质地，如玻璃、金属，它们在巧妙的搭配中传递出时尚的气息（图 4-65）。

五、实用主义

不常做饭的家庭多会选择比较实用的造型。在配置中只以基本的底柜作为储存区，并配以灶台、抽油烟机等主要设备来完成烹饪操作过程。该风格强调了实用、简洁的特点（图 4-66）。

图 4-65 前卫风格橱柜

图 4-66 实用主义橱柜

第七节
餐　厅

　　餐厅是日常进餐并兼具欢宴亲友功能的活动空间。依据我国的传统习惯，把宴请进餐作为最高礼仪，所以一个良好的就餐环境十分重要。在面积大的空间里，一般有专用的进餐空间；在面积小的空间里，餐厅常与其他空间结合起来，成为既是进餐的场所，又是家庭酒吧、休闲或学习的空间。

　　家具的选择在很大程度上决定了餐厅的风格，应充分考虑空间比例、色彩、天花造型和墙面装饰品。根据空间的形状大小来决定餐桌椅的形状大小与数量，圆形餐桌能够在最小的面积范围容纳最多的人，方形或长方形餐桌比较容易与空间结合，折叠或推拉餐桌能灵活地适应多种需求（图 4-67）。

一、餐桌椅

　　餐厅的餐桌以固定的居多，而有的餐桌可以随意翻动、拉伸，从而扩大使用面积。中餐桌多为方形（图 4-68），或者在桌面上加置圆形台面呈圆桌。如果空间比较宽敞，有专用的就餐场所，就可以采用固定式餐桌（图 4-69）；如果房间面积较小，可采用活动式，在餐桌四周加

图 4-67 餐厅

图 4-68 方形餐桌

上四块翻板，就餐人多时，可由小方桌变成大圆桌。方桌上也可以直接放置圆形桌面，但是在日常生活中圆形桌面需要存储空间，这也给空间不大的住宅带来了负担。

二、装饰酒柜

餐厅的装饰酒柜主要起到储存餐具和装饰空间的作用，一般分为固定式立柜和组合式壁柜两种。另外，古典装饰风格的餐厅应该选择独立式台柜，这样可以衬托出主体装饰形态，不会喧宾夺主，还能扩大储藏空间（图 4-70、图 4-71）。

图 4-69　圆桌

图 4-70　固定式立柜

图 4-71　组合式壁柜

第八节
卫 生 间

卫生间是住宅中重要的功能空间，其发展现状在很大程度上反映着住宅的发展水平。受我国传统观念及经济水平的影响，住宅卫生间在很长一段时期内没有得到应有的重视，严重影响了国人的生活质量。卫生间从原有厕所、洗漱功能的单一空间，逐渐发展成为包括盥洗、淋浴、排便、洗衣等在内的多功能空间，近年来又出现了多个卫生间住宅。卫生间空间面积的增加和使用功能的多样化，大大提高了住宅的品位和生活质量。卫生间的主要设备由浴缸、淋浴房、洗脸盆、坐便器组成（图 4-72 ）。

一、浴缸和淋浴房

浴缸的规格样式很多，归纳起来可分为下列三种：深方型、浅长型及折中型。而浴缸的放置形式又有搁置式、嵌入式、半下沉式三种。人入浴时需要水深没肩，这样才可以温暖全身。因此浴缸应保证一定的水容量，短则深些，长则浅些（图 4-73 ）。

淋浴房是现代家庭选择的一种趋势，新型的淋浴房设备趋向大型化和多功能化（图 4-74 ）。与浴缸的新功能相仿，淋浴喷头也被设计成多样喷水形式，水势有强有弱、有集有散，使淋浴本身变得具有趣味性和保健的作用。淋浴房由工厂预制，功能齐全，防水性能好，有

图 4-72 卫生间

些还集淋浴、桑拿、按摩、美容为一体，适用性很强。最小的淋浴房边长不宜低于 900 mm，开门形式有推拉门、折叠门、转轴门等，可以更好利用有限的浴室空间。

二、洗脸盆

洗脸盆的功能简单，造型较自由，形体可以设计的小一些，洗脸盆的大小主要在于盆口的宽窄，一般横向宽些，有利于手臂活动。洗脸盆兼作洗发池时，为适应洗发需要，盆口要大而深些，盆底也要相对平些，洗脸盆的台面高度在 780 mm 左右（图 4-75）。

三、坐便器

坐便器使用起来稳固、省力，与蹲便器相比，在家庭使用中已成为主流。坐便

图 4-73 浴缸

图 4-74　淋浴房

器的高度对排便的舒适程度影响很大，常
用尺寸在 350 ～ 380 mm。坐便器坐圈的
大小、坐圈断面的曲线等必须符合人体舒
适要求。目前，新型的坐便器带有许多附
加功能，如自动冲洗、温风自动吹干、坐
圈保持温热等，对人体生理健康起到积极
的作用（图 4-76）。

图 4-75　洗脸盆

图 4-76　卫生间坐便器设计

附住宅家饰配置表（表4-1）。

表 4-1　住宅家饰配置表

序号	功能区	行为表现	必备家具	辅助家具	家电设备	色彩倾向	采光照明	绿化布置	装饰材料
1	主卧室	睡眠 小憩 更衣	床 床头柜 衣柜	沙发椅 TV柜 梳妆台	空调 TV	暖调 丰富 浅色	筒灯 吊灯 床头灯	少量/无	地板 乳胶漆 木材墙纸
2	客卧室	睡眠 休闲 储藏	床 床头柜 衣柜	沙发椅 TV柜	空调 TV	中性暖调	床头灯 吸顶灯	少量/无	地板 乳胶漆 木材墙纸
3	书房	阅读 学习 工作	书桌柜 书柜	装饰柜 沙发椅 茶几	PC 空调	中性浅蓝	筒灯 台灯 吸顶灯	少量	地板 乳胶漆 木材墙纸
4	儿童房	睡眠 娱乐 育儿	儿童床 书桌柜 衣橱	PC桌 TV柜 储藏柜	PC 空调 TV	纯色 丰富 亮丽	台灯 壁灯 吸顶灯	少量/无	地板/地毯 乳胶漆 木材墙纸
5	卫生间	洗浴 便溺 家务	洗面台 坐便器 淋浴间	浴柜 清洁池	浴霸 洗衣机	中性白亮	吸顶灯 镜前灯	少量/无	地砖墙砖 扣板 密度板
6	客厅	会客 团聚 娱乐	电视柜 沙发 茶几	装饰墙柜	TV DVD 音响功放 空调	中性 浅蓝 米黄	筒灯 吊灯 立柱灯	适中	地砖 乳胶漆 木材
7	餐厅	进餐 宴请	餐桌椅	酒柜 装饰柜	饮水机	暖调纯色	筒灯 吊灯	少量	地砖 乳胶漆 墙纸
8	门厅玄关	出入 通行 更衣	鞋柜 衣帽架	鞋凳 装饰柜	无	中性浅色	筒灯 射灯	少量	地砖 乳胶漆 木材
9	厨房	炊事 家务 进餐	橱柜	餐桌椅	抽油烟机 微波炉 冰箱	纯色 丰富 白亮	筒灯 吸顶灯	少量/无	地砖墙砖 防火板 密度板

思考与练习

1.除文中所述家具，简述客厅、卧室、卫生间、门厅玄关的其他家具。

2.床架有哪几种类型？

3.儿童房的软装设计要注重哪些细节？

4.简述其他空间的软装设计要点，例如老人房、保姆房、游戏房，包括其中的家具、陈设等。

5.探讨一下开放式厨房与传统厨房的区别，陈述其优缺点。

第五章
工艺品设计

学习难度：★★★★★

重点概念：书画、花艺、器皿摆件、灯饰

章节导读 | 装饰工艺品在每一个室内空间中都是必不可少的元素，它体积虽小，但能起到画龙点睛的作用。合适的工艺品可以烘托室内环境氛围（图5-1）。

图 5-1　工艺品器皿摆件

第一节
书画艺术品

一、书法作品

书法作品历来都是室内装饰的重要内容。书法作品的装裱是以纺织物作底褙，将书画作品配上边框，再用木质轴、竿等对书画进行装潢、保存的一种方法。书画装裱样式有立轴（图5-2）、横批、屏条、对幅、玻璃加框（图5-3）等。

二、装饰画

目前市场上常见的装饰画品种有：油画、水彩画、烙画、镶嵌画、摄影、挂毯画、铜版画、玻璃画、竹编画、剪纸画、木刻画等。由于各类装饰画表现的题材和艺术风格不同，选购时要注意搭配相应的画框。目前市面上的装饰画风格大体上分为：热情奔放型（图5-4）、古朴典雅型、贵族气质型、现代新贵型、现代时尚型（图5-5）、古色古香型等。

图 5-2 书画立轴装裱样式

图 5-3 书画玻璃加框竖式装裱样式

图5-4　热情奔放型装饰画

图5-5　现代时尚型装饰画

第二节
花瓶花艺

花艺是通过鲜花、绿色植物和其他仿真花卉等对室内空间进行点缀，使用在软装设计中能够满足人们的审美追求。花艺装饰是一门不折不扣的综合性艺术，其质感、色彩的变化对室内的整体环境起着重要的作用。

一、花艺的装饰作用

摆放合适的花艺，不仅可以在空间中起到抒发情感，营造室内良好氛围的效果，还能够体现居住者的审美情趣和艺术品位。

1. 塑造个性

将花艺的色彩、造型、摆设方式与室内空间及居住者的气质品位相融合，可以使空间或优雅、或简约、或混搭，风格变化多样，极具个性，可以激发人们对美好生活的追求（图5-6）。

2. 增添生机

在快节奏的城市生活环境中，人们很难享受到大自然带来的宁静、清爽，而花卉的使用，能够让人们在室内空间环境中，贴近自然，放松身心，享受宁静，舒缓心理压力和消除紧张的工作所带来的疲惫感（图5-7）。

3. 分隔空间

在装饰过程中，利用花艺的摆设来规划室内空间，具有很大的灵活性和可控性，可提高空间利用率。花艺的分隔性特点还能体现出平淡、含蓄、单纯、空灵之美，花艺的线条、造型可增强空间的随性，富有亲和力的美感（图5-8）。

二、花艺布置重点

花艺能够改善人们的生活环境，但在具体应用时，要充分结合花艺的材质、设计以及环境的格调和功能，综合考虑后选择花艺，才能更好地发挥出美化环境的效果。

1. 空间格局与花艺的选择

花艺在不同的空间内会表现出不同的效果，例如，在玄关处选择悬挂式的花艺作品挂在墙面上，能让人眼前一亮，但应当尽量选择简洁淡雅的插花作品（图

图 5-6　充满童趣的花艺设计

图 5-7　增添室内生机

图 5-8　分隔空间

图 5-9　玄关花艺

图 5-10　卫浴间花艺

5-9）；在卫浴间摆放花艺，能够给人舒适的感受，但因为此处水比较多，所以应该选择喜阴耐潮的植物（图5-10）。

2. 感官效果与花艺的选择

花艺选择还需要充分考虑人的感官需求，例如餐桌上的花卉不宜使用气味过分浓烈的鲜花或干花，气味很可能会影响用餐者的食欲（图5-11）。而卧室、书房等场所，适合选择淡雅的花材，使居住者感觉心情舒畅，也有助于放松精神、缓解疲劳（图5-12）。

3. 空间风格与花艺的选择

花艺一般可以分为东方风格（图5-13）与西方风格（图5-14），东方风格更追求意境，多使用淡雅的颜色，而西方风格强调色彩的装饰效果，如同油画一般，丰满华贵。选择何种花艺，需要根据室内空间的设计风格进行把握，如果选择

图 5-11　餐桌花艺搭配

不当，则会显得格格不入。

4. 花材材质与花艺的选择

花艺材料可以分为鲜花类、干花类、

图 5-12　卧室花艺搭配

图 5-13　东方风格花艺

图 5-14　西方风格花艺

仿真花等。

（1）鲜花类。鲜花类是自然界有生命的植物材料，包括鲜花、切叶、新鲜水果。鲜花色彩亮丽，植物本身的光合作用能够净化空气，花香味能给人愉快的感受，让人体会大自然最本质的气息，但是鲜花的保鲜时间短，而且成本较高（图5-15）。

（2）干花类。干花类是利用新鲜的植物加工制作而成的、可长期存放的、具有独特风格的花艺装饰。干花一般保留了部分新鲜植物的香气，与鲜花相比，干花能长期保存，但是缺少生命力，色泽感较差（图5-16）。

（3）仿真花。仿真花是使用布料、塑料、网纱等材料，模仿鲜花制作的人造花（图5-17）。仿真花能再现鲜花的美，价格实惠并且保存持久，但是缺乏鲜花类与干花类的大自然香气。

发挥不同材质花的优势，需要认真考虑空间条件，例如在盛大而隆重的庆典场合，必须使用鲜花，这样才能更好地烘托

图 5-15 鲜花

图 5-16 干花

气氛，体现出庆典的品质；而在光线昏暗的空间，可以选择干花，因为干花不受采光的限制，而且又能展现出干花本身的自然美。

5. 采光方式与花艺

不同采光方式会带给人不同的心理感受，要想使花艺更好地表达自身的意境和内涵，就要使之恰到好处地与光影融合为一体，以产生相得益彰的效果。一般来讲，从上方直射下来的光线会使花艺显得比较呆板；侧光会使花艺显得紧凑浓密，并且会由于光照的角度不同而形成明暗不同的对比度；如果光线是完全从花艺的下方照射，会使花艺呈现出一种飘浮感和神秘感。在聚光灯照射下，花艺也会产生更加生动独特的魅力，尤其是在较大空间里摆放大型花艺时，应用聚光灯，会使其更突出、更耀眼（图5-18）。

图 5-17 仿真花

图 5-18 灯光与花艺的配合

三、花器的选用

1. 花器的种类

花器虽然没有花艺娇艳与美丽，但美丽的花艺如果少了花器的陪衬必定逊色许多。在家居装饰中，花器的种类有很多。从材质上来看有玻璃（图5-19）、陶瓷（图5-20）、树脂（图5-21）、金属（图5-22）、草编（图5-23）等，而且各种材质的花器又拥有独特的造型，适合搭配不同的花艺。

2. 花器的搭配方法

在花器的选择上，如果家里的装饰已经纷繁多样，可以选择造型、图案比较简单，也不反光的花器，如原木色陶土盆（图5-24）、黑色或白色陶瓷盆等，这样更能突出花艺，让花艺成为主角。如果想要装饰性比较强的花器，则要充分考虑整体的风格、色彩搭配等问题。

玻璃花器适合与各种颜色的花搭配；陶瓷花器不适合与颜色较浅的花搭配；金属花器不适合搭配颜色过浅的花；实木花器适合与各种颜色的花搭配。

图5-19 玻璃花器

图5-20 陶瓷花器

图5-21 树脂花器

图5-22 金属花器

图 5-23　草编花器　　　　　　　　　　　　　图 5-24　原木色陶土盆

如何选择花器

小贴士

选择花器的第一步是要考虑花艺摆设的环境。花器摆放需要与室内环境相吻合，才能营造出和谐的氛围。挑选花器也要考虑花艺搭配的原则，可从花枝的长短、花朵的大小、花的颜色几方面来考虑。花枝较短的花适合与矮小的花器搭配，花枝较长的花适合与细长或高大的花器搭配。花朵较小的花适合与瓶口较小的花器搭配，瓶口较大的花器应选择花朵较大的花或一簇花朵集中的花束。

第三节　器皿摆件

一、厨房餐具

市面上的餐具琳琅满目、品类繁多，消费者经常为不知如何挑选优质的餐具而犯愁。目前市面上的餐具材质大致可以分为陶制品、骨瓷制品、白瓷制品、强化瓷制品、强化琉璃瓷制品、水晶制品、玻璃制品等（图 5-25）。

二、装饰摆件

装饰摆件就是平常用来布置家居的装饰摆设品，按照不同的材质分为木质装饰摆件、陶瓷装饰摆件、金属装饰摆件、玻璃装饰摆件、树脂装饰摆件等。

木质装饰摆件是以木材为原材料加工而成的工艺饰品，给人一种原始而自然的感觉（图 5-26）；陶瓷装饰摆件大多制作精美，即使是近现代的陶瓷工艺品也具有极高的艺术收藏价值（图 5-27）；金属装饰摆件具有结构坚固、不易变形、比

图 5-25 餐具软装设计

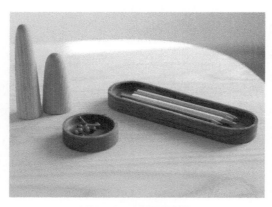

图 5-26 木质装饰摆件

图 5-27 陶瓷装饰摆件

较耐磨的特点。金属装饰摆件的造型可以随意定制,以流畅的线条、完美的质感为主要特征,几乎适用于任何装修风格(图5-28)。玻璃装饰摆件的特点是玲珑剔透、晶莹透明、造型多姿,适用于室内的各种装饰(图5-29)。树脂装饰摆件可塑性好,可以被塑造成动物、人物、卡通等形象,以及反映宗教、风景、节日等主题的造型(图5-30)。

三、家居工艺品布置原则

工艺品的合理布置给人带来的不仅仅是感官上的愉悦,更能健怡身心,丰富居家情调。

图 5-28 金属装饰摆件

图 5-30 树脂装饰摆件

图 5-29 玻璃装饰摆件

1. 对称平衡摆设

把一些家居饰品对称平衡地摆设在一起，让它们成为视觉焦点的重要一部分。例如可以把两个样式相同或者近似的工艺品并列摆放，不但可以制造和谐的韵律感，还能给人安静温馨的感觉（图 5-31）。

2. 注意层次分明

摆放家居工艺饰品时要遵循前小后

图 5-31 对称平衡摆设

大、层次分明的法则，把小件的饰品放在前排，可以突出每个饰品的特色，在视觉效果上具有层次感（图5-32）。

3. 尝试多个角度

摆设家居工艺品不要期望一次性就成功，可以尝试着多调整角度，这样或许可以找到最满意的摆放位置。有时将饰品摆放得斜一点，会比正着摆放效果要好（图5-33）。

4. 同类风格摆放

摆放时最好先将家居工艺品按照不同的风格分类，然后取出风格相同的工艺品进行摆放。在同一位置上，最好不要摆放三种以上的工艺品。如果家具是成套的，那么最好采用风格相同、色彩相似的工艺饰品，效果更佳（图5-34）。

5. 利用灯光效果

摆放家居工艺品时要考虑到灯光的效果。不同的灯光和不同的照射方向，都会让工艺品显示出不同的美感。一般暖色的灯光会有柔美温馨的感觉，贝壳或者树脂等工艺饰品就比较适合暖色的灯光；如果是水晶或者玻璃的工艺饰品，最好选择冷色的灯光，这样会看起来更加透亮（图5-35）。

6. 亮色单品点睛

整个硬装设计的色调比较素雅或者比较深沉的时候，在软装设计上可以考虑用颜色亮一点的器皿摆件来点亮整个空间。例如硬装设计和软装设计是黑白灰的搭配，可以选择一两件色彩比较艳丽的单品来活跃氛围，这样会带给人不间断的愉悦感受（图5-36）。

图 5-32　层次分明

图 5-33　多个角度

图 5-34　同类风格摆放

图 5-35　利用灯光效果

图 5-36　亮色单品

第四节
灯 具 灯 饰

一、不同造型的灯

按造型分类，灯饰主要有吊灯、吸顶灯、壁灯、镜前灯、射灯、筒灯、落地灯、台灯等。其中吊灯、吸顶灯、壁灯、镜前灯、射灯和筒灯通常固定安装在特定的位置，不可以移动，属于固定式灯饰；而落地灯、台灯属于移动式灯饰，不需要固定安装，可以按照需要自由放置。

1.吊灯

吊灯分单头吊灯和多头吊灯，前者多用于卧室、餐厅，后者宜用在客厅、酒店大堂等，也有些空间采用单头吊灯自由组合成吊灯组。

（1）水晶吊灯。水晶吊灯是吊灯中应用最广的，包括欧式水晶吊灯、现代水晶吊灯两种类型，因此在选择水晶吊灯时，除了挑选水晶材质外，还得考虑其风格能

否与整体空间协调搭配（图 5-37）。

（2）烛台吊灯。烛台吊灯的设计灵感来自欧洲古典的烛台照明方式——在悬挂的铁艺上放置数根蜡烛（图 5-38）。如今很多吊灯被设计成这种款式，只不过将蜡烛改成了灯泡，但灯泡和灯座还是蜡烛和烛台的样子。这类吊灯一般适合于欧式风格的装修，可以凸显庄重与奢华感，不适合应用于现代简约风格的空间。

（3）中式吊灯。中式吊灯一般适用于中式风格与新中式风格的室内空间（图 5-39）。中式吊灯给人一种沉稳舒适之感，能让人从浮躁的情绪中回归到安宁。在选择上，也需要考虑灯饰的造型以及中式吊灯表面的图案花纹是否与空间装饰风格相协调。

（4）时尚吊灯。时尚吊灯往往会受到众多年轻人的欢迎，适用于简约风格和现代风格的空间。具有现代感的吊灯款式众多，主要有玻璃材质、陶瓷材质、水晶材质、木质材质（图 5-40）、布艺材质等类型。

图 5-37　水晶吊灯

图 5-38　烛台吊灯

2. 吸顶灯

吸顶灯是完全紧贴在室内顶面上的灯具，适合作整体照明用。其与吊灯的不同之处在于使用空间上的区别，吊灯多用于较高的空间，吸顶灯则多用于较低的空间。常用的吸顶灯有方罩吸顶灯（图5-41）、圆形吸顶灯（图 5-42）、尖扁圆吸顶灯、半圆球吸顶灯、扁球吸顶灯、小长方罩吸顶灯等类型。

3. 壁灯

壁灯是安装在室内墙壁上的辅助照明灯饰，常用的壁灯有双头玉兰壁灯、双头橄榄壁灯、双头鼓形壁灯、双头花边杯壁灯、玉柱壁灯、镜前壁灯等。选择壁灯主要依据结构、造型，一般机械成型的较便宜，手工的较贵。铁艺壁灯（图5-43）、全铜壁灯、羊皮壁灯等都属于中高档壁灯，其中铁艺壁灯最受欢迎。

如果环境空间足够大，壁灯就有了较强的发挥余地，无论是客厅、卧室、过道，都可以在适当的位置安装壁灯，最好是和射灯、筒灯、吊灯等同时运用，相互补充。

图 5-39　中式吊灯

图 5-40　木质吊灯

图 5-41　方罩吸顶灯

图 5-42　圆球吸顶灯

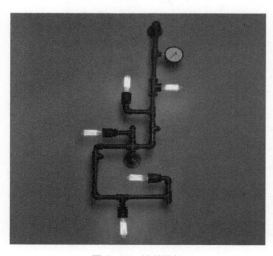

图 5-43　铁艺壁灯

4. 朝天灯

朝天灯通常是可以移动的（图5-44），灯饰的光线束是向上方投射的，通过天花板再反射下来，这样能够形成非常有气质的光照背景，用朝天灯展现出来的光照背景效果要比天花板上的吊灯柔和很多。软装设计中，朝天灯在卧室墙面和电视背景墙等地方使用频率比较高，为空间氛围渲染起到重要的作用。

5. 镜前灯

镜前灯一般是指固定在镜子上的照明灯，作用是增强亮度，使照镜子的人更容易看清自己，所以往往是配合镜子一起出现的。常见的镜前灯有梳妆镜子灯和卫浴间镜子灯，镜前灯可以安装在镜子的左右两侧，也可以和镜子合为一体（图5-45）。

6. 筒灯、射灯

筒灯和射灯都是营造特殊氛围的照明灯饰，主要的作用是突出主观审美，达到重点突出、层次丰富、气氛浓郁、缤纷多彩的艺术效果。筒灯是一种相比普通明装灯饰更具有聚光性的灯饰，一般用于普通照明或辅助照明，一般使用在过道、卧室周圈以及客厅周圈（图5-46）。射灯是一种高度聚光的灯饰，它的光线照射具有指定特定目标的特点，主要用于特殊的照明，如强调某个很有品味或很有新意的地方（图5-47）。

7. 落地灯

落地灯一般与沙发、茶几配合使用，一方面满足该区域的照明需求，另一方面形成特定的环境氛围。通常落地灯不宜放

在每个房间应用调节器以及融合的白炽灯泡，灯光不应当照耀在人们头顶，那样太过刺眼和僵硬。

图 5-44　朝天灯

图 5-45　镜前灯

图 5-46　筒灯

图 5-47　射灯

在高大家具旁或妨碍活动的区域内。落地灯一般由灯罩、支架、底座三部分组成（图5-48）。灯罩要求简洁大方、装饰性强，除了筒式罩子较为流行之外，华灯形、灯笼形也较多使用。落地灯的支架多以金属、旋木为主，或是利用自然形态的材料制成。

8. 台灯

台灯一般分为两种，一种是立柱式的，一种是有夹子的。工作原理主要是把灯光集中在一小块区域内，便于工作和学习。

台灯根据材质分为金属台灯、树脂台灯、玻璃台灯、水晶台灯、实木台灯、陶瓷台灯等；根据使用功能分为阅读台灯和装饰台灯（图5-49）。

在选择台灯时，应以整个设计风格为主。如简约风格的空间应倾向于现代材质的台灯款式，用PVC材料搭配金属底座或沙质面料搭配水晶玻璃底座；欧式风格空间可选木质灯座搭配幻彩玻璃的台灯，或选用水晶的古典造型台灯（图5-50）。

二、不同材质的灯

灯饰按照不同材质主要分为水晶灯、铜艺灯、铁艺灯、羊皮灯等类型，设计师可以根据不同的装饰风格类型和价格定位选择不同材质的灯饰。

1. 水晶灯

水晶灯给人绚丽高贵、梦幻的感觉。最原始的水晶灯由金属支架、蜡烛、天然水晶或石英坠饰共同构成，天然水晶由于成本太高逐渐被人造水晶代替。

图 5-48　落地灯

图 5-49　欧式复古台灯

图 5-50　装饰台灯

2. 铜艺灯

铜艺灯是指以铜作为主要材料的灯饰，包括紫铜和黄铜两种材质。铜艺灯的流行主要是因为其具有质感、美观的特点，而且一盏优质的铜艺灯是具有收藏价值的。目前具有欧美文化特色的欧式铜艺灯是市场的主导派系。目前铜艺灯中最受追捧的是美式风格铜艺灯，化繁为简的制作工艺使得美式灯饰看起来更加具有时代特征，能适合更多风格的环境（图5-51）。

图 5-51 铜艺灯

3. 铁艺灯

铁艺灯是一种复古风的照明灯饰，可以简单地理解为灯支架和灯罩等都是采用最为传统的铁艺制作而成的一类灯饰，具有照明功能和一定装饰功能（图5-52）。铁艺灯并不只是适合于欧式风格的装饰，在乡村田园风格中的应用也比较多。铁艺灯的灯罩大部分都是手工制作的，光源以暖色为主，能散发出一种温馨温和的光线，更能烘托出欧式家装的典雅与浪漫。

4. 羊皮灯

羊皮灯是指用羊皮材料制作的灯饰，较多地使用在中式风格中。它的制作灵感源自古代灯饰，那时草原上的人们利用羊皮皮薄、透光度好的特点，用它裹住油灯，以防风遮雨。市面上的羊皮灯一般采用羊皮纸，优质品牌羊皮灯大部分选用进口羊皮纸，质量较好（图5-53）。

三、多种搭配的灯

灯饰搭配是软装设计的重要环节，不仅能满足人们日常生活的需要，同时也起

图 5-52 铁艺灯

图 5-53 羊皮灯

到了重要的装饰作用，烘托了气氛。软装设计里的灯饰一般都是以装饰为主的。现代设计里，开始出现了许多形式多样的灯饰造型，或具有雕塑感，或色彩缤纷，要根据装饰风格要求来选择。

1. 装饰作用

在给灯饰选型的时候，首先要先明确灯饰在空间里扮演的角色，如高高的天花会显得十分空荡，从上垂下一个吊灯会给空间带来平衡感，接着就要考虑这个吊灯的风格、规格、灯光颜色等问题，这些都会影响一个空间的整体风格（图5-54）。

2. 风格统一

在较大的空间里，如果需要搭配多种灯饰，就应考虑风格统一的问题。例如，需要将大客厅的灯饰在风格上进行统一，避免各类灯饰在造型上互相冲突，即使想要做一些对比和变化，也要通过色彩或材质中的某一个因素将其中各类灯饰和谐起来（图5-55）。

3. 灯饰是否足够

各类灯饰在一个空间里的作用不同，它们之间要互相配合。有些提供主要照明，有些是气氛灯，而有些是装饰灯。例如人坐在沙发上看书时，是否有台灯可以提供照明（图5-56），陈设的饰品能否被照亮以便被人欣赏等，这些都是判断一个空间的灯饰是否足够的因素。

4. 利用灯饰突出饰品

如果想突出饰品本身而使其不受灯饰的干扰，那么内嵌筒灯是最佳的选择，这

图 5-54　欧式风格吊灯

图 5-55　多种灯饰的搭配

图 5-56　台灯提供照明

好的光源关键在于在不同高度所产生的光源层次。不要单单依靠一种光源，可以将各种顶灯、地灯还有台灯混合搭配使用。

图 5-57　利用灯饰突出饰品

也体现了现代简约风格的表现手法。在传统的表现手法里，可以将饰品和台灯一起陈列在桌面上，也可以将挂画和壁灯一起排列在墙面上（图 5-57）。

小／贴／士

客厅灯光运用

客厅是家居空间中活动率最高的场所，灯光照明需要满足聊天、会客、阅读、看电视等需要。客厅灯具一般以吊灯或吸顶灯作为主灯，搭配其他多种辅助灯饰，如壁灯、筒灯、射灯等。此外，还可采用落地灯与台灯作局部照明，兼顾到有看书习惯的业主，满足其阅读亮度的需求。

挂画、盆景、艺术品等饰品可采用具有聚光效果的射灯进行重点照明，沙发墙的灯光要考虑坐在沙发上的人的主观感受。太强烈的光线容易造成眩光与阴影，让人觉得不舒服。如果确定需要用射灯来营造气氛，则要注意避免直射到沙发上。

思考与练习

1. 装饰画有哪些种类？

2. 如何挑选花器和布置花艺？

3. 花卉绿植在室内软装设计中有哪些作用？

4. 装饰摆件有哪些布置原则？

5. 按造型分类，灯饰分为哪几种？简要叙述其特点。

6. 在设计灯饰时应考虑哪些因素？

第六章

布艺软装设计

学习难度：★★★☆☆

重点概念：窗帘、抱枕、床品

章节
导读

　　布艺在现代家庭中越来越受到人们的青睐，它柔化了室内空间生硬的线条，赋予了居室一种温馨的格调。在布艺风格上，可以很明显地感觉到各种风格的特色，但是却无法简单地用欧式、中式或其他风格来概括，各种风格互相借鉴、融合，赋予了布艺不同的性格。最直接的影响是布艺对于家居氛围的塑造作用加强了，因为采用的设计元素比较广泛，让布艺与不同风格的家居搭配，营造出了不同的视觉感受（图6-1）。

图 6-1 酒店软装设计中的布艺表现

第一节
地　毯

地毯是室内空间布艺设计必不可少也是最为重要的装饰之一。地毯具有时尚耐看、柔软舒适的特点，但其最令人头痛的是清洁和保养的问题。

一、纯羊毛地毯

纯羊毛地毯比较昂贵，最常见的形式分拉毛和平织两种。其清洁保养非常麻烦，需要到洗衣店清洗。如清洁不慎，地毯使用寿命会大大缩短。因此，色调暗一点或是有花纹的地毯比较耐脏，可以每半年清洗一次，平时可用吸尘器清理（图6-2、图6-3）。

二、纯棉地毯

纯棉地毯分很多种，有平织的、纺线的（可两面使用）。时下非常流行的是雪尼尔地毯，其性价比较高，脚感柔软舒适，其中簇绒系列装饰效果突出，便于清洁，可以直接放入洗衣机清洗（图6-4）。

三、合成纤维地毯

合成纤维地毯最常用的分两种，其中一种的使用面料主要是聚丙烯，背衬为防滑橡胶，价格与纯棉地毯差不多，但花样品种更多，不易褪色，可以让专业人员清洗，也可以用地毯清洁剂手工清洁，相对便宜，脚感不如羊毛及纯棉地毯（图6-5）；另一种是仿雪尼尔簇绒系列纯棉地毯，形式与其类似，只是材料换成了化纤，价格比前一种合成纤维地毯便宜很多，视觉效果也差很多，容易起静电，可以作为门垫和走道地毯使用（图6-6）。

图 6-2 皮毛一体羊毛毯

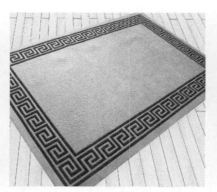
图 6-3 纯手工水洗羊毛毯

图 6-4 雪尼尔簇绒地毯

图 6-5 聚丙烯材料地毯

图 6-6 化纤材料地毯

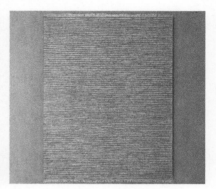
图 6-7 黄麻手编地毯

四、黄麻地毯

黄麻地毯很显主人的品位，但是很难保养，因为不能水洗，只能用清洁剂擦洗。夏天坐在黄麻地毯上很舒服，有榻榻米座席的效果（图 6-7）。

第二节
床 品

一、床罩

用床罩遮盖床能使卧室简洁美观。床罩的面料分为硬花棉布、色织条格布、提花呢、印花软缎、腈纶簇绒、丙纶簇绒、泡泡纱等。如泡泡纱床罩，色彩斑斓，可补充室内色彩，其条纹清晰，起泡的布面与平滑坚硬的墙面恰成对比。但要注意床罩所选面料不宜太薄，网眼不宜过大，图案和色彩应与墙面和窗帘相协调。床罩是平铺覆盖在被子上的，在制作床罩时要根据床的大小和式样来决定选材，按照床的高度以垂至离地 100 mm 左右为宜（图 6-8）。

二、床单与被套

床单、被套是枕套的背景，而居室的墙面和地面又是床单、被套的背景。床单和被套应该选择淡雅的图案。近年来自然色更显时尚，如沙土色、灰色、白色和绿色等。包括床单、被套、枕套、床罩在

图 6-8 床罩

图 6-9 床单

内的多件套颜色基本一致，而全套床上用品有时不可能全部换洗，这就给人们提供了自由搭配的机会。如果不采用床罩，那么床单和被套就会在卧室中起着主导装饰作用，故要仔细考虑床单和被套的色调、图案、纹理，使之与卧室环境相协调（图 6-9）。床单、被套一般都选用纯棉材料，因为床单、被套贴近肌肤，纯棉制品吸汗、透气且具有冬暖夏凉的特点（图 6-10）。

三、枕套与枕芯

枕套是保持枕头清洁卫生而不可缺少的床上织物，也是装饰物品，枕套的面料以轻柔为好。枕套的色彩、质地、图案等应与床单相同或近似。随着床罩的发展变化，枕套的款式也越来越多：镶边的枕套，带穗的枕套；双人枕套，单人的枕套。枕套的种类很多，有网扣、绣花、提花、补花、拼布等，一般根据床上的其他用品进行选择配套布置（图 6-11）。

图 6-10 纯棉被套

图 6-11 枕套

第三节
窗　帘

窗帘是室内软装设计的必备品，一个温馨浪漫的居室环境，与窗帘的巧妙搭配密不可分。

一、窗帘的种类

1. 百叶式窗帘

百叶式窗帘有水平式和垂直式两种，水平百叶式窗帘由横向板条组成，垂直式则由竖向板条组成，只要稍微改变一下板条的旋转角度，就能改变采光与通风。板条有木质、钢质、纸质、铝合金质和塑料等材质（图6-12）。

2. 卷筒式窗帘

卷筒式窗帘的特点是不占地方、简洁素雅、开关自如。这种窗帘有多种形式，其中家用的小型弹簧式卷筒窗帘，一拉便会下降到某部位停住，再一拉帘布就会弹回卷筒内。此外，还有通过链条或电动机升降的产品。卷筒式窗帘使用的帘布可以是半透明的，也可以是带有颜色及花饰图案的编织物（图6-13）。卧室与婴儿房常常采用不透光的暗幕型编织物。

3. 折叠式窗帘

折叠式窗帘的操作形式与卷筒式窗帘差不多，一拉即下降，所不同的是第二次拉的时候，窗帘并不像卷筒式窗帘那样完全缩进卷筒内，而是从下一段打褶后升起（图6-14）。

4. 垂挂式窗帘

垂挂式窗帘的结构最复杂，由窗帘轨道、装饰挂帘杆、窗帘楣幔、窗帘、吊件、窗帘缨（扎帘带）和配饰五金件等组成。对于这种窗帘除了不同的类型选用不同的织物以外，以前还比较注重硬装中窗帘盒的设计，现在已渐渐被无窗帘盒的套管式窗帘所替代。此外，用垂挂式窗帘的窗帘缨束围成的帷幕形式也成为一种流行的装饰形式（图6-15）。

二、窗帘的色彩

窗帘在空间中占有较大面积，因此，选择时要与室内的墙面、地面及陈设物的色调相匹配，以便形成统一和谐的环境。墙壁是白色或淡象牙色，家具是黄色或灰

除了墙面漆，窗帘是改变整个房间观感的最容易和最快捷的方法。

图6-12　百叶式窗帘

图6-13　卷筒式窗帘

图 6-14　折叠式窗帘

图 6-15　垂挂式窗帘

色，窗帘宜选用橙色；墙壁是浅蓝色，家具是浅黄色，窗帘宜选用白底蓝花色（图6-16）；墙壁是黄色或淡黄色，家具是紫色、黑色或棕色，窗帘宜选用黄色或金黄色；墙壁是淡湖绿色，家具是黄色、绿色或咖啡色，窗帘宜选用中绿色或草绿色（图6-17）。

三、窗帘的材料

目前，窗帘的质地主要有棉、丝、绸、尼龙、纱、塑料等。棉窗帘柔软舒适，丝帘高雅贵重，绸帘豪华富丽，串珠帘晶莹剔透，纱帘柔软飘逸，各有千秋。

选择窗帘的质地，应考虑房间的功能，如浴室、厨房就要选择实用性比较强、容易洗涤的材料，而且风格力求简单流畅。客厅、餐厅可以选择豪华、优美的面料。卧室的窗帘要求厚质、温馨、安全，以保证生活隐私性及睡眠舒适性（图6-18）。书房窗帘要求透光性能好、明亮，采用淡雅的色彩，使人心情平稳，有利于工作学习（图6-19）。

四、窗帘的图案与大小

窗帘图案主要有抽象型和具象型两种。窗帘图案不宜过于琐碎，要考虑打褶后的效果。高大的房间宜选横向花纹，低矮的房间宜选用竖向花纹。不同年龄段的

图 6-16　蓝色为主的窗帘

图 6-17　浅绿色为主的窗帘

图 6-18 卧室窗帘

图 6-19 书房窗帘

人爱好不同，小孩房间里窗帘花纹最好用小动物、小娃娃等图案，富有童趣（图6-20）；年轻人房间窗帘以时尚开阔为主；老人房间窗帘花纹以简洁舒适为主（图6-21）。

窗帘的长度要比窗台稍长一些，以避免风大窗帘被吹出窗外。窗帘的宽度要根据窗子的宽窄而定，一定要与墙壁相协调。较窄的窗户应选择略宽的窗帘，以挡住两侧多余的墙面。

布艺装饰要点。

1. 注重整体风格呼应。

2. 以家具和墙面为参照标杆。

3. 准确把握尺寸大小。

4. 面料与使用功能统一。

5. 不同布艺之间相互和谐。

图 6-20 充满童趣的窗帘

图 6-21 简单朴素的窗帘

第四节

桌 布

给餐桌铺上桌布或者桌旗可以使室内空间的整体装饰风格一致，餐桌布艺不仅可以美化餐厅，还可以调节进餐时的气氛。在选择餐桌布艺时需要与家中的整体装饰，甚至餐具、餐桌椅的色调相协调。

一、根据设计风格搭配

一般来说，简约风格的空间适合白色或浅色的桌布，如果餐厅整体色彩单调，可以采用颜色跳跃一点的桌布，给人眼前一亮的效果；田园风格的空间适合选择格纹或小碎花图案的桌布，显得清新随意；

图 6-22　田园风格桌布

图 6-23　色彩鲜艳的桌布

图 6-24　深色的桌布

中式风格的桌布体现中国元素，如青花瓷、福禄寿喜等设计图案，使用传统的绸缎面料，再加上一些刺绣，能让人赏心悦目；深蓝色提花面料的桌布含蓄高雅，很适合映衬法式乡村风格（图 6-22）。

注意在选择有花纹图案的桌布时，切忌选择过于花哨的样式。这样的桌布虽然具有吸睛效果，但时间一长就有可能出现审美疲劳。

二、根据用餐场合搭配

正式的宴会场合，要选择质感较好、垂坠感强、色彩较素雅的桌布；随意一些的聚餐场合，比如家庭聚餐或者小型聚会，适合选择色彩或图案较活泼的印花桌布（图 6-23）。

三、根据色彩运用搭配

如果使用深色的桌布，那么最好使用浅色的餐具，否则餐桌上的一片暗色会影响食欲，深色的桌布其实很能体现餐具的质感。纯度和饱和度都很高的桌布非常吸引眼球，但有时候也会给人压抑的感觉，所以一定要在其他位置使用同色系的饰品进行呼应、烘托（图 6-24）。

四、根据餐桌形状搭配

如果是圆形餐桌，在搭配桌布时，适合在底层铺深色系的大桌布，上层再铺上一块小桌布，整体搭配起来华丽而优雅。圆桌布的尺寸为在圆桌直径的基础上让周边垂下 300 mm，例如，桌子直径 900 mm，那么就可以选择直径 1500 mm 的桌布（图 6-25）。

正方形餐桌可先铺上正方形桌布，上

图 6-25　圆形餐桌桌布搭配

面再铺一小块正方形的桌布。铺设小桌布时可以更换方向，把直角对着桌边的中线，让桌布下摆有三角形的花样。方桌桌布最好选择大气的图案。此外，方桌布的尺寸一般是四周下垂 150 ～ 350 mm。如果是长方形餐桌，可以考虑用桌旗来装饰餐桌，可与素色桌布和同样花色的餐垫搭配使用（图 6-26）。

图 6-26　桌旗

意大利布艺风格

小贴士

意大利的布艺和它的文化一样，富有文艺复兴时期的艺术美感，强调细腻的印染技术和艺术感。意大利布艺的印染技术堪称世界一流，其活性印染工艺使其色彩饱满、细节细腻。仔细观察，布艺上的颜色犹如手工喷绘上去的一样，一斑一点均非常清晰。意大利优质印染布艺还保持着清洗成百上千遍也不会褪色的纪录，因此将其当作艺术品来珍藏，也不为过。

第五节
沙 发 抱 枕

抱枕是常见的家居小物品，但在软装设计中却往往有着意想不到的作用。除了材质、图案、不同缝边花式之外，抱枕也有不同的摆放位置与搭配类型，甚至主人的个性和品位也会从小小的抱枕中流露出来。

一、形状类型

抱枕的形状非常丰富，有方形、圆形、长方形、三角形等，根据不同的需求，如沙发、睡床、休闲椅或餐椅，抱枕的造型和摆放要求也有所不同。

1. 方形抱枕

方形的抱枕适合放在单人椅上，或与其他抱枕组合摆放，注意搭配时色彩和花纹的协调度（图6-27）。

2. 长方形抱枕

长方形抱枕一般用于宽大的扶手椅，在欧式风格和美式风格的空间中较为常见，也可以与其他类型抱枕组合使用。

3. 圆形抱枕

圆形抱枕造型有趣，比较合适作为点缀抱枕，能够突出主题。造型上还有椭圆、立体的卡通造型等。

二、摆设原则

1. 对称法摆设

如果将几个不同的抱枕堆叠在一起，

图 6-27 方形抱枕

图6-28 对称法摆放

不要用过大过鲜明的抱枕使客厅的布局显得过于正式。

会让人觉得拥挤、凌乱。最简单的方法便是将它们都对称摆放,无论是放在沙发上、床上或者飘窗上,可以给人整齐有序的感觉。注意摆设时除了数量和大小,在色彩和款式上也应该尽量选择对称的形式(图6-28)。

2. 不对称法摆设

如果觉得把抱枕对称摆设有点乏味,还可以选择两种更具个性的不对称摆法:一种是在沙发的其中一头摆放三个抱枕,另一侧摆放一个抱枕。这种组合方式看起来比对称的摆放更富有变化。但需要注意的是,另一侧的抱枕要和三个抱枕中的某个抱枕的大小款式保持一致,以实现视觉的平衡(图6-29)。

另一种不对称摆放方案是将抱枕置于沙发一侧。家中的沙发是古典贵妃椅造型或者规格比较小的样式,由于人们总是第一时间习惯性地把目光的焦点放在沙发的右边,因此将三个抱枕集中摆放时,最好都摆在沙发的右侧(图6-30)。

3. 远大近小法摆设

远大近小是指越靠近沙发中部,摆放的抱枕应越小。这是因为从视觉效果来看,离视线越远,物体看起来越小,反之,物体看起来越大。因此,将大抱枕放在沙发左右两端,小抱枕放在沙发中间,视觉上给人的感觉会更舒适。从实用角度来说,大尺寸抱枕放在沙发两侧边角处,可以解决沙发两侧坐感欠佳的问题。将小抱枕放在中间,则是为了避免占据太大的座位空间(图6-31)。

4. 里大外小法摆设

有的沙发座位进深比较深,这个时候抱枕常常被用来垫背。如果遇到这种情况,通常需要由里至外摆放几层抱枕,布置时应遵循里大外小的原则。具体是指在

图 6-29　不对称摆放 1

图 6-30　不对称摆放 2

图 6-31　远大近小法摆设

图 6-32　里大外小法摆设

最靠近沙发靠背的地方摆放大一些的方形抱枕，然后中间摆放相对小的方形抱枕，最外面再适当增加一些小腰枕或糖果枕。

如此一来，整个沙发区不仅层次分明，而且最大限度地考虑到了沙发的舒适性（图6-32）。

小贴士

靠垫和抱枕的区别

靠垫能调节人体与座位、床位的接触点以获得更舒适的角度来减轻疲劳。靠垫使用方便、灵活，便于人们用于各种场合环境。尤其是在卧室的床、沙发上被广泛采用。在地毯上，还可以利用靠垫来当做坐椅。靠垫的装饰作用较为突出。

抱枕是家居生活中常见用品，类似枕头，常见的仅有一般枕头的一半大小，抱在怀中可以起到保暖和一定的保护作用，也给人温馨的感觉，如今已渐渐成为家居使用和装饰的常见饰物，而且成为车饰的一大必备物品。

思考与练习

1. 卧室有哪些布艺装饰？

2. 卫生间有哪些布艺装饰？

3. 总结一下不同地毯的装饰作用。

4. 课后查阅相关资料，比较我国与外国布艺发展的情况，简述其区别。

5. 选择一种室内设计风格，尝试设计一套关于布艺的软装设计方案，如颜色的选择、材质的搭配等。

6. 布艺在软装设计中有什么作用？

第七章

八大室内软装风格

学习难度：★★★★☆

重点概念：新中式风格、欧式风格、田园风格、简约风格

章节导读

　　软装和硬装的风格一致性是室内设计最基本的规则。根据各地的建筑风格和地域人文特点，软装风格按照室内设计风格可以分为地中海风格、东南亚风格、美式风格、田园风格、英式风格、新古典风格、西班牙风格、现代风格、欧式风格、中式风格、日式风格等（图7-1）。

图 7-1 现代风格的软装设计

第一节
新中式风格

一、设计手法

新中式风格是指将中国古典建筑元素提炼融合到现代人的生活和审美习惯的一种装饰风格，让传统元素更具有简练、大气、时尚的特点，让现代装饰更具有中国文化韵味。设计上采用现代的手法诠释中式风格，形式比较活泼，用色大胆，结构也不讲究中式风格的对称，家具用除红木以外的更多的选择来混搭，字画选择抽象的装饰画，饰品用东方元素的抽象概念作品。在软装配饰上，如果能以东方的"留白"美学观念控制设计节奏，更能显出大家风范（图 7-2）。

二、常用元素

1. 家具

新中式风格的家具为古典家具，或现代家具与古典家具相结合。中国古典家具以明清家具为代表，新中式风格家具多以线条简练的明式家具为主（图 7-3），有时也会加入陶瓷鼓凳的装饰，兼顾实用的同时起到点睛作用（图 7-4）。

2. 抱枕

如果空间的中式元素比较多，抱枕一般选择简单、纯色的款式，通过色彩搭配，突出中式韵味（图 7-5）；当中式元素比较少时，可以赋予抱枕更多的中式元素，如花鸟、窗格图案等（图 7-6）。

3. 窗帘

新中式的窗帘多为对称的设计，帘头比较简单，运用了一些拼接方法和特殊剪

图 7-2　新中式风格

图 7-3　新中式家具

图 7-4　陶瓷鼓凳

图 7-5　纯色的款式

图 7-6　绣花的抱枕

图 7-7　特殊剪裁的帘头

图 7-8　屏风

裁的形式。可以采用仿丝材质，既可以拥有真丝的质感、光泽和垂坠感，还可以用金色、银色添加时尚感觉，如果运用金色和红色作为陪衬，可表现出华贵、大气（图7-7）。

4. 屏风

新中式风格常常会用到屏风这种设计元素，发挥隔断的功能，一般用在面积较大的空间内，或沙发、椅子背后（图7-8）。

5. 饰品

除了传统的中式饰品，搭配现代风格的饰品或者富有其他民族神韵的饰品也会使新中式空间增加文化的气息（图7-9）。如以鸟笼、根雕等为主题的饰品，

图 7-9　中式台灯

图 7-10　鸟笼式吊灯

图 7-11　花艺设计

新中式风格作为现代风格与中式风格的结合，更符合当代年轻人的审美观点，所以新中式风格装修越来越受到 80、90 后的青睐。

会给新中式环境融入大自然的想象，营造出休闲、雅致的古典韵味（图 7-10）。

6.花艺

新中式风格的花艺设计以"尊重自然、利用自然、融合自然"的自然观为基础，选择枝杆修长、叶片飘逸、花小色淡的种类为主的植物，如松、竹、梅、菊花、柳枝、牡丹、茶花、桂花、芭蕉、迎春、菖蒲、水葱、鸢尾等，创造富有中国文化意境的花艺环境（图 7-11、图 7-12）。

图 7-12　梅花

小贴士

新中式风格与中式风格的区别

中式风格讲究造型对称，缺乏现代气息，比较在意的腔调是壮丽华贵。新中式风格讲究传统元素和现代元素的结合，比较在意的腔调是清雅含蓄。

新中式风格作为传统中式风格的现代设计理念，通过提取传统精华元素和生活符号进行合理地搭配、布局，在整体设计中既有中式传统韵味又更多地符合了现代人的生活特点，让古典与现代完美结合，传统与时尚并存。新中式风格就在中式风格的基础上，添加了一些现代元素。

第二节
地中海风格

一、设计手法

地中海风格是 9 世纪至 11 世纪起源于地中海沿岸的一种设计风格。它是海洋风格的典型代表，因富有浓郁的地中海人文风情和地域特征而得名，具有自由奔放、色彩多样明媚的特点。地中海风格通常将海洋元素应用到家居设计中，给人明快的舒适感（图 7-13）。

由于地中海沿岸的建筑或家具的线条不是直来直去的，而是显得比较自然，因此无论是家具还是建筑，都形成一种独特的浑圆造型。拱门与半拱门窗、白灰泥墙是地中海风格的主要特色，常采用半穿凿或全穿凿来增强实用性和美观性，给人一种延伸的透视感。在材质上，一般选用自然的原木、天然的石材等，再用马赛克、小石子、瓷砖、贝类、玻璃片、玻璃珠等来作点缀装饰。大多选择一些做旧风格的家具，搭配自然饰品，给人一种接近自然的感觉。

二、常用元素

1. 家具

家具最好选择线条简单、圆润的造型，并且有一定的弧度，材质上最好选择实木（图 7-14）或藤类（图 7-15）。

2. 灯具

地中海风格灯具常见的特征之一是灯具的灯臂或者中柱部分常常会作擦漆做旧处理，这种处理方式体现出在地中海的

图 7-13　地中海风格

图 7-14　实木家具

图 7-15　藤类家具

气候下被海风吹蚀的自然印迹的质感（图7-16）。地中海风格灯具通常会配有白陶装饰部件或手工铁艺装饰部件，展现出一种纯正的乡村气息。地中海风格的台灯会在灯罩上运用多种色彩或呈现多种造型，在造型上往往会运用地中海独有的美人鱼、船舵、贝壳等元素（图7-17）。

3. 布艺

窗帘、沙发布、餐布、床品等软装布艺一般以天然棉麻织物为首选，由于地中海风格具有田园气息，所以布艺面料上经常带有低彩度色调的小碎花、条纹或格子图案（图7-18）。

4. 绿植

绿色的盆栽是地中海风格不可或缺的一大元素，一些小巧可爱的盆栽能让空间显得绿意盎然，就像在户外一般。也可以在角落里安放一两盆吊兰，或者是爬藤

图 7-16　地中海风格吊灯

图 7-17　地中海风格台灯

图 7-18　条纹沙发

图 7-19　小巧可爱的盆栽

图 7-20　帆船模型

图 7-21　救生圈

类的植物，制造出更多的自然感观（图7-19）。

5.饰品

地中海风格适合选择与海洋主题有关的各种饰品，如帆船模型（图 7-20）、救生圈（图 7-21）、水手结、贝壳工艺品、木雕的海鸟和鱼类等，也包括独特的锻打铁艺工艺品、各种蜡烛架、钟表、相架和墙上挂件等。

第三节
东南亚风格

一、设计手法

东南亚风格的特点是色泽鲜艳、崇尚手工，自然温馨中不失热情华丽，通过细节和软装装饰来演绎原始自然的热带风情。相比其他设计风格，东南亚风格不断融合和吸收不同东南亚国家的特色，极具热带民族原始岛屿风情（图 7-22）。

东南亚风格家居崇尚自然，木材、藤、竹等材质，将其作为装饰首选。大部分的东南亚家具采用两种以上材料混合编织而成，如藤条与木片、藤条与竹条。材料之间的宽、窄、深、浅形成有趣的对比。工艺上以纯手工编织或打磨为主，完全不带一丝工业化的痕迹。古朴的藤艺家具搭配葱郁的绿色，是常见地表现东南亚风格的手法。由于东南亚气候多闷热潮湿，所以在软装设计上要用夸张艳丽的色彩打破视觉的沉闷。香艳浓烈的色彩被运用在布艺家具上，如床帏处的帐幕、窗台的纱幔等。在营造出华美绚丽的风格的同时，也增添

图 7-22　东南亚风格

了丝丝妩媚柔和的气息。

二、常用元素

1. 家具

泰国家具大都体积庞大、典雅古朴，极具异域风情。由柚木制成的木雕家具是东南亚装饰风情中最为抢眼的部分。此外，东南亚装饰风格具有浓郁的雨林自然

风情，适合应用藤椅、竹椅一类的家具（图7-23、图7-24）。

2. 灯具

东南亚风格的灯饰大多就地取材，贝壳、椰壳、藤、枯树干等都是灯饰的制作材料（图7-25）。东南亚风格的灯饰造型具有明显的地域民族特征（图

图 7-23　造型古朴的家具

图 7-24　竹篓

图 7-25　芭蕉叶造型吊灯

图 7-26　台灯

7-26），如铜制的花型灯、手工敲制的具有粗糙肌理的铜片吊灯、大象等动物造型的台灯等。

3. 窗帘

东南亚风格的窗帘一般以自然色调为主，以完全饱和的酒红、墨绿、土褐色等最为常见（图 7-27）。设计造型多反映民族的信仰，以棉麻等自然材质为主的窗帘款式显得粗犷而自然，具有舒适的手感和良好的透气性（图 7-28）。

4. 抱枕

泰丝质地轻柔、色彩绚丽，具有特别

图 7-27　酒红色窗帘

图 7-28　棉麻窗帘

图 7-29 抱枕

的光泽，图案设计也富有变化，极具东方特色。用上好的泰丝制成抱枕，无论是置于椅上还是榻头，都凸显着东南亚的地域风情（图 7-29）。

5. 纱幔

纱幔妩媚而飘逸，是东南亚风格家居不可或缺的装饰。可以随意在茶几上摆放一条色彩艳丽的绸缎纱幔，或是作为休闲区的软隔断，还可以在床架上用丝质的纱幔绾出一个纱帘，营造出异域风情（图 7-30、图 7-31）。

6. 饰品

东南亚风格饰品的形状和图案多和宗教、神话相关。芭蕉叶、大象、菩提树、佛手等是东南亚饰品的主要图案。此外，东南亚的国家信奉神佛，一般在东南亚风格的环境空间里多少会看到一些造型奇特的神、佛等饰品（图 7-32、图 7-33）。

图 7-30 床架上丝质的纱幔

图 7-31 色彩艳丽的绸缎纱幔

图 7-32 佛像

图 7-33 各类饰品

第四节
欧 式 风 格

一、设计手法

欧式风格的特点是端庄典雅、华丽高贵、金碧辉煌，体现了欧洲各国传统文化内涵。欧式风格按不同的装饰成本可分为传统欧式和简欧式。传统欧式在形式上以浪漫主义为基础，装修材料常用大理石、多彩的织物、精美的地毯、精致的法国壁挂等，整个风格豪华、富丽，充满强烈的效果。传统欧式风格的空间会给人以豪华、大气、奢侈的感觉，主要特点是采用罗马柱、壁炉、拱形或尖的拱顶、顶部灯盘或者壁画等具有欧洲传统风格的元素（图7-34）。传统欧式风格多用在别墅、会所和酒店的室内设计中，通过欧式风格来

图 7-34 欧式风格

体现高贵、奢华、大气等感觉。在一般住宅公寓中，常用简欧风格和北欧风格。

二、常用元素

传统欧式风格中的绘画多以基督教内容为主。传统欧式风格的顶部灯盘造型常用藻井（图7-35）、拱顶、尖肋拱顶和穹顶（图7-36）。与中式风格的藻井造型不同的是，传统欧式风格的藻井吊顶有更丰富的阴角线。

欧式风格的常用设计元素有墙面装饰线条和护墙板，在现代室内设计中由于经济造价的因素常用墙纸代替，带有复古

纹样和色彩的墙纸是欧式风格中不可或缺的材料（图7-37）。地面一般采用波打线及拼花进行丰富或美化，也常用实木地板拼花方式。一般采用小几何尺寸块料进行拼接（图7-38）。设计师常用胡桃木、樱桃木以及榉木为木材原料（图7-39），石材常用的有爵士白、深啡网、浅啡网、西班牙米黄等。

传统欧式风格的装饰细节与简欧式风格稍有区别，多以人物、风景、油画为主，以石膏、古铜、大理石等雕工精致的雕塑为辅。具有历史沉淀感的仿古钟、精

图7-35 藻井

图7-37 复古纹样和色彩的墙纸

图7-36 穹顶

图7-38 地面拼花

图 7-39　实木家具

图 7-40　精致的台灯

图 7-41　油画装饰

致的台灯，可以把空间点缀的无比富丽，将质感和品位完美融合在一起，凸显出古典欧式雍容大气的家具效果（图 7-40、图 7-41）。

欧式风格的空间设计在材料选择、施工、配饰方面的投入比较高，多为同一档次其他风格的数倍以上，所以更适合在别墅、较大宅院中运用欧式风格，而不适合小户型。

第五节
日 式 风 格

一、设计手法

日式风格又称和式风格，这种风格的特点是适用于面积较小的空间，其装饰简洁、淡雅。略高于地面的榻榻米平台、日式矮桌、草席地毯、布艺或皮艺的轻质坐垫、

图 7-42 日式风格

纸糊的日式移门等，都是日式风格的重要组成要素。日式风格中没有采用很多的装饰物去装点细节，所以整个空间显得格外的干净利索。一般采用清晰的线条，使居室的布置给人以优雅、整洁的感觉，并有较强的几何立体感。日式风格的空间能与大自然融为一体,合理借用室外自然景色，能为设计带来无限生机（图7-42）。

图 7-43 空间的流动与分隔

二、常用元素

在空间布局上，日式风格讲究空间的流动与分隔，能让人静静地思考，禅意无穷（图7-43）。在材质运用方面，传统的日式风格将自然界的材质大量运用于装修、装饰中，不推崇豪华奢侈、金碧辉煌，以淡雅节制（图7-44）、深邃禅意为境界（图7-45），重视实际功能。

传统的日式家具以清新自然、简洁淡雅的独特品位，形成了独特的家具风格。选用材料上特别注重自然质感，营造出闲适

图 7-44 淡雅的家居装饰

图 7-45　深邃禅意的氛围

图 7-46　清新自然的日式家具

写意、悠然自得的生活境界（图 7-46）。

在日本的住所中，客厅餐厅等对外部分是使用沙发、椅子等现代家具的洋室，

卧室等对内部分则是使用榻榻米、灰砂墙、杉板、糊纸格子拉门等传统家具的和室（图 7-47、图 7-48）。

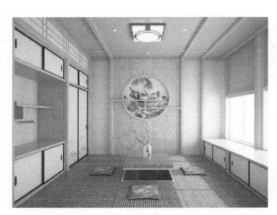

图 7-47　榻榻米

图 7-48　糊纸格子拉门

日式风格的渊源

小贴士

　　日式家具和日本家具是两个不同的范畴，日式家具只是指日本传统家具，而日本家具无疑还包括非常重要的日本现代家具。传统日式家具的形制，与古代中国文化有着莫大的关系。而现代日本家具的产生，则完全是受欧美国家熏陶的结果。日本学习并接受了中国初唐低床矮案的生活方式后，一直保留至今，形成了独特完整的体制。明治维新以后，在欧风美雨之中，西洋家具伴随着西洋建筑和装饰工艺强势登陆日本，以其设计合理、形制完善、符合人体工学的特点对传统日式家具形成了巨大的冲击。但传统家具并没有消亡，时至今日，日式家具在日本仍然占据主流，而双重结构的做法也一直沿用至今。

第六节
田 园 风 格

一、设计手法

田园风格最初出现于20世纪中期，泛指在欧洲农业社会时期已经存在数百年历史的乡村家居风格，以及美洲殖民时期各种乡村农舍风格。田园风格并不专指某一特定时期或者区域，它可以模仿乡村生活的朴实和简约，也可以是贵族在乡间别墅里的世外桃源（图7-49）。

田园风格的本质就是让人感到亲近和放松，在大自然的怀抱中享受精致的人生。仿古砖是田园风格地面材料的首选，粗糙的感觉让人觉得它朴实无华，更为耐看，可以打造出一种淡淡的清新之感；百叶门窗一般可以做成白色或原木色的拱形，除

了当作普通的门窗使用，还能作为隔断；铁艺可以做成不同的形状，或为花朵，或为枝蔓，用铁艺制作而成的铁架床、铁艺与木制品结合而成的各式家具，让乡村的风情更突出；布艺质地的选择上多采用棉、麻等天然制品，与乡村风格不事雕琢的追求相契合；也可以在墙上挂一幅毛织壁挂，表现的主题多为乡村风景；运用砖纹、碎花、藤蔓图案的墙纸，或者直接运用手绘墙，也是田园风格的一种特色表现。

二、常用元素

1. 家具

田园风格在布艺沙发的选择上可以选用小碎花、小方格等图案，色彩粉嫩、清新，以体现田园大自然的舒适宁静，再搭配质感天然、坚韧的藤质桌椅、储物柜等简单实用的家具，可以让田园风情扑面而来（图7-50、图7-51）。

图7-49　田园风格

图 7-50　碎花沙发

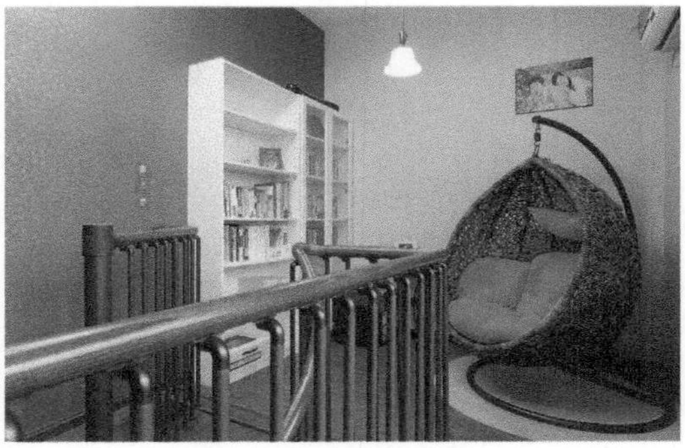

2. 桌布

亚麻材质的布艺是体现田园风格的重要元素，在台面或桌子上面铺上亚麻材质的精致桌布，再摆上小盆栽，立即散发出浓郁的大自然田园风情（图 7-52）。

3. 窗帘

无论美式田园、英式田园、韩式田园、法式田园、中式田园均可拥有共同的窗帘

图 7-51　藤质椅子

特点，即由自然的色彩和图案构成窗帘的主体，而款式以简约为主（图 7-53、图7-54）。

4. 床品

田园风格床品同窗帘一样，都由自然色彩和自然元素图案的布料制作而成，而款式则以简约为主，尽量不要有过多的装饰（图 7-55）。

图 7-52　亚麻材质的桌布

图 7-53　美式田园窗帘

图 7-54　英式田园窗帘

图 7-55　简约的床品

5. 花艺

较男性风格的植物不太适合田园风情，一般选择满天星、薰衣草、玫瑰等有芬芳香味的植物装点氛围。同时可以将一些干燥的花穿插在透明玻璃瓶或者古朴的陶罐里（图 7-56、图 7-57）。

图 7-56　花艺

图 7-57　玫瑰花艺

图 7-58　花卉图案餐具

6. 餐具

田园风格的餐具与布艺类似,多以花卉、格子等图案为主,也有纯色的餐具,但带有花边或凹凸纹样,其中骨瓷因为质地细腻光洁而深受推崇(图 7-58)。

第七节
新古典主义风格

一、设计手法

新古典风格传承了古典风格的文化底蕴、历史美感及艺术气息,同时将繁复的空间装饰凝练得更为简洁精致,为硬而直的线条配上温婉雅致的软装饰,将古典美注入简洁实用的现代设计中,使得空间装饰更有灵性。古典风格在材质上一般会采用传统木制材质,用金粉描绘细节,运用艳丽大方的色彩,注重线条的搭配以及线条之间的比例关系,令人强烈地感受到浑厚的传统文化底蕴,同时摒弃了过往古典风格复杂的肌理和装饰(图 7-59)。

新古典风格常用材料包括浮雕线板与饰板、水晶灯、彩色镜面与明镜、古典墙纸、层次造型天花、罗马柱等。墙面上减掉了复杂的欧式护墙板,使用石膏线勾勒出线框,把护墙板的形式简化到极致。地面经常采用石材拼花,用石材天然的纹理和自然的色彩来修饰人工的痕迹,使奢华的品位毫无保留地展现出来。

二、常用元素

1. 家具

新古典风格家具摒弃了古典家具过于复杂的装饰,简化了线条。新古典风格家具虽有古典家具的曲线和曲面,但摒弃了

图 7-59　新古典风格

古典家具的雕花，又多采用现代家具的直线条。新古典风格家具通常使用实木雕花、亮光烤漆、金箔或银箔、绒布面料等（图7-60、图7-61）。

2. 灯具

灯具的选择以华丽、璀璨的材质为主，如水晶（图7-62）、亮铜（图7-63）等，再加上暖色的光源，营造冷暖相衬的奢华感。

3. 布艺

色调淡雅、纹理丰富、质感舒适的纯麻、精棉、真丝、绒布等天然华贵面料

图 7-60　实木雕花的家具

图 7-61　曲线造型的床架

图 7-62　水晶吊灯

图 7-63　亮铜吊灯

都是新古典风格家居的必然之选。窗帘可以选择香槟银、浅咖啡色等，以绒布面料为主，同时应尽量考虑双层款式（图7-64、图 7-65）。

4. 绿植

新古典风格的家居十分注重室内绿化，盛开的鲜花、精致的盆景、匍匐的藤蔓可以增加亲和力（图7-66、图7-67）。

5. 饰品

几幅具有艺术气息的油画、复古的金属色画框、古典样式的烛台、剔透的水晶制品、精致的银或陶瓷的餐具、老式的挂钟、老式的电话和古董等，都能为新古典风格的怀旧气氛增色不少（图7-68、图7-69）。

图 7-64　绒布窗帘

图 7-65　绒布床品

图 7-66　盛开的鲜花

图 7-67　精致的盆景

图 7-68　银制装饰品

图 7-69　油画

小贴士

新古典主义装修风格的起源

新古典是在传统美学的规范之下，运用现代的材质及工艺，去演绎传统文化的经典，不仅拥有典雅、端庄的气质，并具有明显的时代特征。新古典主义作为一个独立的流派名称，最早出现于18世纪中叶欧洲的建筑装饰设计界。它的精华来自古典主义，但不是仿古，更不是复古，而是追求神似。新古典设计讲求风格，用简化的手法、现代的材料和加工技术去追求传统样式的大致轮廓特点，注重装饰效果，用陈设品来增强历史文脉特色。

第八节
现代简约风格

一、设计手法

现代简约主义是从 20 世纪 80 年代中期对复古风潮的叛逆和极简美学的基础上发展起来的，90 年代初期，开始融入室内设计领域。以简洁的表现形式来满足人们对空间环境那种感性的、本能的和理性的需求（图 7-70）。

现代简约风格强调少即是多，舍弃不必要的装饰元素，将设计的色彩、照明、原材料简化到最少的程度，追求时尚和现代的简洁造型、愉悦色彩。现代简约风格在硬装设计的选材上不再局限于石材、木材、面砖等天然材料，而是将选择范围扩大到金属、涂料、玻璃、塑料以及合成材料，并且夸大材料之间的结构关系。装修简便、花费较少却能取得理想装饰效果的现代简约风格是当今流行趋势，现代简约风格对空间的要求不高，一般多适用于中小户型公寓、平层住宅或办公楼等。

二、常用元素

1. 家具

现代简约风格的家具通常线条简单，沙发、床、桌子一般都为直线形态（图 7-71），避免过多曲线，造型简洁，强调功能，富含设计或哲学意味，但不夸张（图 7-72）。

2. 布艺

现代简约风格不宜选择花纹过重或是颜色过深的布艺，通常选用一些单色或具有简单大方的图形和线条（图 7-73）。

3. 灯具

金属是工业化社会的产物，也是体现现代简约风格最有力的手段，各种不同造

图 7-70　现代简约风格

图 7-71　线条简单的椅子

图 7-72　富含设计感的桌椅

型的金属灯（图 7-74），都是现代简约风格的代表元素（图 7-75）。

4. 装饰画

现代简约风格可以选择抽象图案或者几何图案的挂画，三联画的形式是一个不错的选择。装饰画的颜色和空间的主体颜色相同或接近比较好，颜色不能太复杂，

也可以根据业主的喜好选择搭配黑白灰系列、线条流畅、具有空间感的平面画（图 7-76）。

5. 花艺

现代简约风格空间大多选择线条简约，装饰柔美、雅致或苍劲有节奏感的花艺。线条简单呈几何图形的花器是花艺设

图 7-73　浅色窗帘与布艺

图 7-74　金属灯

图 7-75　造型独特的台灯

图 7-76　具有空间感的平面画

计造型的首选。色彩以单一色系为主，可高明度、高彩度，但不能太夸张，银、白、灰都是不错的选择（图 7-77、图 7-78）。

6. 饰品

现代简约风格饰品数量不宜太多，摆件饰品则多采用金属、玻璃或瓷器材质为主的现代风格工艺品（图 7-79、图 7-80）。

图 7-77　线条简约的花艺

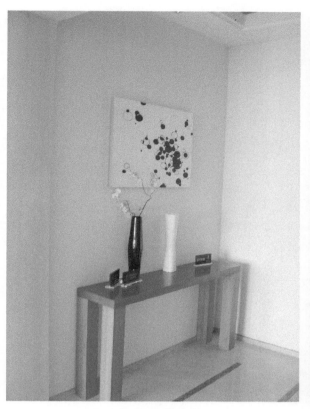

图 7-78　线条简单的花器

图 7-79　金属摆件

图 7-80　玻璃饰品

附软装设计风格一览表（表7-1）。

表 7-1 软装设计风格一览表

序号	风格	特点	家具	布艺	花艺	配色	饰品	灯具
1	新中式风格	具有中国文化韵味，讲究纲常，讲究对称	明清家具与现代家具结合	花鸟、窗格图案等	松、竹、梅、菊、茶花等	以深色为主的黑、白、灰	青花瓷、陶艺、中式窗花、字画、根雕等	中式宫灯等
2	地中海风格	极具亲和力的田园风情，自由奔放、色彩多样明亮	锻打铁艺家具，擦漆做旧	以低彩度色调和棉织品为主，素雅的小细花条纹格子图案	爬藤类植物、小巧可爱的绿色盆栽	蓝与白，土黄与红褐，黄、蓝紫和绿	帆船模型、救生圈、水手结、贝壳工艺品、钟表、相架等	灯具擦漆做旧处理，美人鱼造型等
3	东南亚风格	富有禅意，浓郁的民族特色	取材自然，以纯天然的藤竹、柚木为材质	色彩艳丽，多为深色系纱幔	大型的棕榈树及攀藤植物，生意盎然	采用原始材料的色彩搭配	芭蕉叶、神佛等金属或木雕的饰品	铜制的莲蓬灯、铜片吊灯、动物造型的台灯等
4	欧式风格	端庄典雅、华丽高贵、金碧辉煌	宽大、厚重、有质感	丝质面料，紫色系或厚重的深色	玫瑰、郁金香，花枝较长，色彩艳丽	以白色和淡色系为主	油画、雕塑工艺品	大型灯池、水晶吊灯、枝形吊灯、烛台吊灯等
5	日式风格	讲究空间的流动与分隔，追求淡雅节制、深邃禅意	家具低矮且不多，原木色家具，榻榻米	天然朴实的材料，浅色	结构简单，用色少，以绿植点缀	色彩多偏重于原木色，注重素雅	日式人偶、持刀武士、传统仕女画、扇形画等	日式纸灯、球形或柱形灯罩
6	田园风格	朴实，亲切，实在，贴近自然，向往自然	多以白色为主，木制的较多	棉、麻布艺制品，碎花图案	小盆绿植、满天星、薰衣草等	绿色与白色，粉色与白色与米色	复古花瓶、铁艺饰品	烛台吊灯、水晶吊灯、羊皮纸吊灯等
7	新古典主义风格	古典风格的文化底蕴、历史美感及艺术气息	实木雕花、亮光烤漆、贴金箔或银箔、绒布面料等	色调淡雅，质感舒适的纯麻、精棉、真丝、绒布等天然华贵面料	盛开的花篮、精致的盆景、匍匐的藤蔓	白与金、米黄与暗红	油画、画框、烛台、水晶制品、陶瓷的餐具、老式的挂钟、老式的电话和古董等	华丽、璀璨的材质为主，如水晶、亮铜等
8	现代简约风格	少即是多，舍弃不必要的装饰元素	线条简单，造型简洁，强调功能，富含设计或哲学意味	浅色并且具有简单大方的图形和线条	线条简约，装饰柔美	以黑、白、灰色为主，可适当采用亮色进行点缀	金属、玻璃或者瓷器材质为主的现代风格工艺品	不同造型的金属灯

思考与练习

1. 新中式风格与中式风格有哪些区别？

2. 日式风格的设计要素有哪些？

3. 地中海风格的主要特征是什么？

4. 课后查阅相关资料，简述美式风格、欧式风格、英式风格三者的区别。

5. 东南亚风格的家具有哪些特征？

6. 简述现代简约风格兴起的原因。

第八章
室内软装设计案例欣赏

学习难度：★ ★ ★ ☆ ☆

重点概念：软装设计案例欣赏、设计重点、设计难点

章节导读

在全面学习和理解了室内软装设计的基础知识后，本章我们适当地结合各种使用空间的软装设计案例，来进一步具有针对性地了解和学习软装设计的过程及难点。

第一节
家居空间软装设计案例欣赏

一、概念

软装设计在家居装修中至关重要。在

一个空间里，首先必须满足功能上的要求，同时又要美观、安全。室内用品要满足使用功能、安全系数及美观效果的要求。这些用品必须根据其价值、使用功效以及主人生活需求的特点来确定大小规格、色彩造型、放置位置以及同整个家居空间的关

系比例、协调程度等，这些均得在装修施工前考虑。软装设计可以直接体现家居装修的功能效果，它能柔化空间，增强室内装饰的虚实对比感，营造室内装修的艺术气氛，突出装饰风格，体现人的个性。

在实践中，要根据家居空间的大小形状和人的生活习惯、兴趣爱好，从整体上综合策划装饰设计方案。在确定室内设计风格的前提下，每一个空间均要注重软装设计。

二、案例赏析

东南亚风格的卧室采用简单的装饰，一顶红色的吊灯作为点缀，使得卧室空间简单却不单调。家具具有浓厚的古朴气息，床品的花纹与抱枕搭配融洽，营造了温馨舒适的氛围（图8-1）。

客厅的装饰以绿色和紫红色为主，抱枕和桌布色彩极为丰富，并与窗帘互相呼应。增加绿植和木质椅子的搭配，让空间呈现层次感，表现了鲜活而静谧的东南亚印象（图8-2）。

东南亚风格是典型的热带装饰风格，书房鲜艳跳跃的色彩也抵挡不住天然材料家具所带来的清雅氛围（图8-3）。

东南亚地区宗教盛行，佛像或一些宗教圣物摆件置于空间的各个角落，带来了如寺庙一般的神圣安宁感。

墙面以深绿色作为基调，配合石纹的地面在家的入口处营造了一条幽静的通道。

灯光是营造氛围的最佳助手，而在东南亚风格中暖色光源可以营造出寺庙的环境氛围。射灯的光洒在佛像画上，与一盆鲜活的绿植使玄关显得祥和又不失活力（图8-4）。

收纳柜用天然木材制成，瓷瓶与绿植的配合非常和谐，凸显了东南亚风格崇尚自然的特色（图8-5）。

厨房的设计极为简单，仍然是利用极具自然特性的绿色瓷砖装饰墙面，橱柜选择实木材料，配合金黄色的玻璃门，给乏味的厨房添加了趣味（图8-6）。

图8-1 卧室

图8-2 客厅

图 8-3　书房

图 8-4　玄关

图 8-5　门厅

墙面的绿色瓷砖与实木的浴盆，以及墙角的绿植，使得卫生间充满了自然特色。

黑色百叶窗的装饰，保留了卫生间的原有氛围（图 8-7）。

图 8-6　厨房

图 8-7　卫生间

第二节
办公空间软装设计案例欣赏

一、概念

办公空间的概念源于西方古代的宫殿或大型庙宇。办公空间软装设计是指对办公空间整体的规划、装饰，在符合办公行业特点、使用要求和工作性质的前提下，对办公空间的装饰设计。办公空间一般分为会议室、经理办公室、前台区域和集体办公空间。

办公空间软装设计的过程中，首先，要对企业类型及企业文化进行深入的了解，使设计兼具个性化与实用性；其次，要了解企业内部机构的设置及其相互的联系，才能确定各部门空间所需面积，并规划人流线路；再次，设计要有前瞻性的考虑，规划通信、电脑等整体布局必须注意其整体性和实用性；最后，应尽量利用简洁的设计手法，在规划灯光、电器和选择办公家具时，应充分考虑适用性和舒适性。

二、案例赏析

前台接待区的设计应该满足合理性需求，设计师应合理划分行动区域，让来访者方便、直接地走进接待室。

接待区设置的数量、规格要根据企业公共关系活动的实际情况而定。接待区要提倡公用，以提高利用率。接待区的布置要干净美观大方，可摆放一些企业标志物和绿色植物及鲜花，以体现企业形象和烘托工作气氛（图 8-8）。

会议室一般是指开会用的空间场地，同时又是放映会议投影影片和图像的场所，因此会议室的设计合理性决定会议投影图像的观看效果，也直接影响了开会的效率（图 8-9）。

在办公室软装设计中，经理办公室应突出设计。经理办公室的软装陈设能反映企业的实力，同时也能展示出企业的发展与经营情况（图 8-10）。

茶水间是让人感到轻松自在的空间。软装设计要从员工的角度出发，使空间显得随意、自由。不同于办公室的办公椅，椅子的选择也应简单大方。墙面的装饰和地面的铺装活泼大方，突出放松身心的氛围（图 8-11）。

现在许多办公室空间采用矮隔断式的

图 8-8 前台接待区

图 8-9 会议室

图 8-10 经理办公室

图 8-11 茶水间

家具，将数件办公桌以各种形式相连，形成一个小组，在布局中将这些小组以直排或斜排的方式来巧妙组合，使设计在变化中兼具合理的要求（图 8-12）。

前台软装设计四个重点

小／贴／士

1. 颜色是视觉的第一要素，例如：文化公司宜采用彰显古朴、稳重的木色、黑色、红色；食品公司宜采用彰显青春活力的蓝色、果绿色；科技公司则侧重蓝色、深蓝、银灰等颜色的使用。

2. 形状是视觉的第二要素，造型设计需要与公司的行业性质、企业产品定位、企业文化特色相匹配。

3. 质感是视觉的第三要素，软装设计应体现装修材质的多样性，与软装饰品的质感结合起来，体现细腻之处。

4. 灯光是视觉的第四要素，明快的人工照明与自然采光搭配，将重点工作区集中照明，聚焦升华之处。

可以在员工座位附近摆设一些与周围环境搭配的花卉和植物，让工作人员拥有好心情，提高办公效率（图8-13）。

图8-12 分组的办公桌摆放形式

图8-13 花卉和植物

第三节
休闲空间软装设计案例欣赏

一、概念

休闲空间众多，以酒店为例。酒店作为休闲空间的同时也是商业场所，其存在价值在于商业利益最大化。酒店软装设计的目的是增加酒店自身的魅力价值，吸引客人，增加商业利益。

酒店的定位一定要明确，并贯彻于酒店的设计过程中。要从酒店的功能性、舒适度、管理便捷性等多方面对酒店进行定位，列出详细、可操作性的清单与标准，对于避免错误和减少损失是十分必要的。酒店设计应注重实用与装饰的相结合，在重视装饰效果、"星级"的同时，以实用性作为设计的基础，这是酒店设计的绝对核心。

二、案例赏析

泰国曼谷香格里拉酒店是一个独特的休闲空间，设计都是从人的感官出发。酒店外，设有舒适的桌椅，绿植与灯光在夜色下相互辉映，加上浪漫的海景，令客人得到非凡的感官体验（图8-14）。

软装设计的基本标准是保证整体风格统一，软装设计与硬装设计相结合，最大化地营造整体空间效果。

该酒店大堂的软装装饰与硬装装饰完美结合，宽阔的空间与大理石地板营造了大气奢华的氛围，穹顶的设计增添了欧式复古典雅的韵味。华丽的吊灯与精致的地毯使空间变得更加有层次感（图8-15）。

酒店的餐厅很好地展现了东南亚地区的宗教特色，金色大佛坐卧在穹顶之下，使浓厚的宗教氛围在餐厅蔓延。

颜色鲜艳的地毯、木质的桌椅都体现了东南亚风格亲近自然的特色，让人在用餐时感受异国文化的魅力（图8-16）。

适宜商业人士使用的会议室，设计得

图 8-14　酒店外景

图 8-15　酒店大堂

图 8-16　酒店餐厅

图 8-17　酒店会议室

图 8-18　酒店休闲区

也别出心裁。窗外的绿植以及桌面的鲜花为会议的严肃氛围释放压力。造型别致的吊灯，配以深红色调的墙面装饰，营造了静谧舒适的会议氛围（图 8-17）。

休闲区整体灯光采用暖色调，很符合空间功能的特征。蜡烛与鲜花在独具浪漫的泳池中引人注目。墙面采用自然的纹饰，神秘却不过度（图 8-18）。

第四节
餐饮空间软装设计案例欣赏

一、概念

软装设计在餐饮空间设计中是一个非常重要的内容，其形式多样、内容多彩、范围广泛，起着其他物质功能所无法替代的作用。

　　餐厅软装饰在造型上常常以大统一、小变化为原则，协调统一，多样而不杂乱。在直线构成的餐厅空间中可以安排曲线形态或带有曲线图案的陈设品，使形态对比产生生动的感受。采用一定体量的造型雕塑或者现代陶艺作品作为软装饰，在餐厅软装设计中也很常见。这些软装饰不仅提高了环境的品位和层次，还创造了一种文化氛围。从餐厅设计的整体效果出发，以取得统一的效果为宗旨，采用与背景质地形成对比效果的软装饰，突出其材质美是一种常见的设计手法。

二、案例赏析

　　餐厅软装设计要能表达一定的思想内涵和精神文化，才能给客人留下深刻的印象。

　　案例中的餐厅以农家菜为特色，墙壁上的大蒜本为食材，将不同颜色的大蒜头串在一起，并列挂在墙上，成为了一道亮丽的景色（图8-19）。

　　墙壁上的玉米被串成串挂在墙上，树下的木质桌椅看似随意摆放，实则有一定的规律（图8-20）。如此浓烈的农家氛围，好像人们正坐在乡村田野间用餐一般。色彩是营造室内气氛最生动、活跃的因素，暖色的灯光可以增强食欲，令人舒适惬意。

　　墙上的旧报纸使餐厅散发出陈旧年代的气息。盘子被独具创意地粘贴在墙上，采用中国传统的青花花纹，营造了一种浓浓的文化氛围（图8-21）。

　　用多根原木垒砌而成的隔断使墙面有了温度，原木上摆放的做旧的酒坛，散发着独特的农家气息，别具一格的中国传统碎花沙发，成为整个餐厅的亮点，点缀了餐厅的古朴氛围（图8-22）。

图 8-19　用餐区小包间

图 8-20　用餐区

图 8-21　餐厅一侧

图 8-22　餐厅沙发座

第五节
娱乐空间软装设计案例欣赏

一、概念

现代人在工作、学习累了之后，喜欢到酒吧等休闲娱乐的场所放松心情。酒吧既然是娱乐的场所，那么就一定要通过环境来调动人们的情绪。酒吧环境在色彩的选择上，可以丰富艳丽，也可以低调简洁，灯光、音乐、屏幕等都要富有特性，让人置身其中能够感受到不一样的试听盛宴。酒吧装修可以打造变幻莫测的空间，可以塑造不拘泥于大众的形式，不管是酒吧的主厅，还是其他的功能区域，都要从顾客的角度去设计，顾客只有融入到酒吧的环境氛围中，才能获得更多的感观享受。

二、案例赏析

在酒吧装修风格的把握上，需要和城市的主流文化相匹配，如果能拥有当地的文化特色，那么就更能吸引人，并引起人们更多的共鸣。案例中的酒吧入口设计极具特色，墙体用砖石打造出深厚的文化底蕴感，拱形的石门添加了酒吧神秘的气氛（图 8-23）。在很多人的概念里，酒吧往往大气奢华，但该酒吧的设计选择了复古的小众风格，低调却不失韵味。蜿蜒而入的石门，似乎带着顾客进入了一个神秘的世界。

在酒吧装饰材料的运用上，各种各样的材料都被大胆地用来尝试和运用，关键是要凸显与搭配材料的肌理，带给人视觉

图 8-23　酒吧入口处

上的冲击力，让人被酒吧的环境所吸引。设计师通常会选择金属、木质、布艺等材

料，虽然不是贵重的材料，却非常抢眼。

该酒吧的墙面为浅色，家具也大多为浅色系，且材质为木材，质朴感中透露出神秘又浪漫的感觉（图 8-24）。

浅色的饰品与深色的背景形成强烈的对比，在效果良好的灯光照射下，投射在酒吧的器皿上，增加了立体感（图 8-25）。

在国外，酒吧最初是社会底层人们聚集的一个场所，主要集中在一些乡村地区，装修并不豪华，而是非常接地气，所以要让酒吧更有特色，可以让其带有一定的美式乡村气息。

包间中的桌椅可以融入一些富有创意性的成分，可以去市场上寻找成品，也可以充分发挥自己的想象，设计出独一无二的、个性化的桌椅（图 8-26）。

酒吧是不同人群汇集的场所，这里的人尽管身份不同、社会地位不一样，但是

图 8-24　酒吧楼梯

图 8-25　酒吧包间

来到这里就是为了一个目标——放松、享受和倾听美好的音乐。富有创意的酒吧，

让人一眼就能感受到其与众不同之处，使人能够迅速融入其中（图 8-27）。

图 8-26　酒吧特色桌椅

图 8-27　酒吧服务台一角

第六节
商业空间软装设计案例欣赏

一、概念

商业空间的软装设计需要与市场结合，时效性也比其他类别项目更强，特别是卖场展示空间，快速理解并体现品牌的软装氛围是对设计师的一大考验。商业空间中的软装设计就是在当今多元化的审美观和消费价值观中，为消费者视觉、理智和情感的各种欲望营造满足感。软装设计虽然是对装饰品的整合，但是软装设计给空间带来的情感升华，就是让消费者获取更多的附加值。软装设计让整个商业空间丰满起来，让消费者获得产品之外的氛围美的享受。

二、案例赏析

这是日本的一家服装店，店面设计独具特色。从外面看，整个服装店像一个待拆开的礼物盒，引诱着人们的购物欲望，让人想进去一探究竟（图8-28）。

服装店室内设计较为简洁，橙色与绿色的结合使整个服装店充满了活力，而这两种颜色也能很好的激发消费者的购买欲望。沙发的设计也彰显了日本家具的简洁风格（图8-29）。

鞋品区设置了展览台，将每一件商品都当做艺术品进行展示，橙色的展览台以一定的规律展开，鞋类商品也依次排开，不会显得杂乱，简洁亦不失设计感（图8-30）。

服装区的服装少而精致，看似毫无规则，实则与店面设计完美融合在一起。金色的墙面设计，暖色灯光与之辉映，使得服装具有高级感和质感（图8-31）。

图 8-28　服装店外景

图 8-29　服装店室内

图 8-30　鞋品区

图 8-31　服装区

第七节
咖啡厅软装设计案例欣赏

一、概念

近几年，我国各大城市涌现了大量的咖啡厅，咖啡文化正在不断地兴起，而咖啡厅就是体现咖啡文化的空间载体。咖啡厅的设计要给顾客营造出一种温馨、私密的交流空间，给人留下深刻记忆，才能进一步地实现营销效果。而软装家具则是实现这一特殊功能的载体，通过设计软装家具的颜色和造型可以营造咖啡厅的风格、分隔咖啡厅的空间功能、组织空间的流线。

二、案例赏析

咖啡厅的风格要靠氛围来营造，而墙面是氛围铺垫的重要因素。

按照设计风格，可以选择相应的颜色，也可以选择一些个性的材料，比如清水砖、文化石或墙面彩绘、照片墙。墙面装饰完成以后，咖啡厅的氛围已经成功塑造出一半了（图 8-32）。

案例中咖啡厅的整体装修风格为复古风格。墙面大多运用了砖墙或者木质墙面，质朴中带有年代的回忆感。

墙上的装饰画，也采用了复古的题材。木质桌椅与铁质锻打的椅子相结合，质朴温馨的氛围很适合一人静静地看书或者三五朋友小聚一场（图 8-33）。

为了带给顾客慢生活的情怀，选择舒适而有温度的家具摆设非常重要。选择一些复古的、异域的家具和软装饰品来装点咖啡厅，会让人们自然而然地产生岁月静好的放松感，并使咖啡厅更有故事感（图8-34）。

咖啡厅大多色调暗淡，以此营造一种充满安全感的温馨氛围，咖啡馆常见的铁艺吊灯或复古灯，即使是在白天也是一道美丽的风景线（图8-35）。

　　无论设计师怎么赋予咖啡厅文化印象和独特的文化符号，它仍是一个商业场所，并且是一个比较有品位的商业场所，咖啡厅的软装设计要以满足社会需求为最终的目标（图8-36）。

图 8-33　咖啡厅装饰画

图 8-32　咖啡厅整体风格

图 8-34　咖啡厅卡座

图 8-35　咖啡厅灯具

图 8-36　咖啡厅墙面

参考文献
References

[1] 简名敏 . 软装设计师手册 [M]. 江苏：江苏人民出版社，2011.

[2] 严建中 . 软装设计教程 [M]. 江苏：江苏人民出版社，2013.

[3] 许秀平 . 室内软装设计项目教程：居住与公共空间风格 [M]. 北京：人民邮电出版社，
    2016.

[4] 吴卫光，乔国玲 . 室内软装设计 [M]. 上海：上海人民美术出版社，2017 .

[5] 招霞 . 软装设计配色手册 [M]. 江苏：江苏科学技术出版社，2015.

[6] 叶斌 . 新家居装修与软装设计 [M]. 福建：福建科技出版社，2017.

[7] 曹祥哲 . 室内陈设设计 [M]. 北京：人民邮电出版社，2015.

[8] 文健 . 室内色彩、家具与陈设设计 [M]. 2 版 . 北京：北京交通大学出版社，2010.

[9] 常大伟 . 陈设设计 [M]. 北京：中国青年出版社，2011.

[10] 派尔 . 世界室内设计史 [M]. 北京：中国建筑工业出版社，2007.

[11] 霍维国 . 中国室内设计史 [M]. 北京：中国建筑工业出版社，2007.

[12] 李建 . 概念与空间—现代室内设计范例解析 [M]. 北京：中国建筑工业出版社，2004.

[13] 郑曙旸 . 室内设计程序 [M]. 北京：中国建筑工业出版社，2011.

[14] 潘吾华 . 室内陈设艺术设计 [M]. 北京：中国建筑工业出版社，2013.

[15] 庄荣等 . 家具与陈设 [M]. 北京：中国建筑工业出版社，2004.

[16] 格思里 . 室内设计师便携手册 [M]. 北京：中国建筑工业出版社，2008.